Thomas Laible

FOLDER.

Alles über moderne Taschenmesser

Thomas Laible

FOLDER.

Alles über moderne Taschenmesser

1. Auflage, 2023

ISBN 978-3-948264-15-4

Rosenheimer Str. 22
83043 Bad Aibling
Telefon 08061/38998-0
Fax 08061/38998-20
www.wieland-verlag.com

Gestaltung, Satz: Caroline Wydeau
Lektorat: Birgit Arnold
Schlusskorrektur: Karola Wieland
Fotohinweis: Sofern nicht anders gekennzeichnet,
stammen alle Fotos und Grafiken vom Autor.
Messer auf dem Cover: Gerber Airframe

Druck: Print Consult
Printed in Europe

Rechte Seite: Moderne Folder wie diese von Knifemaker Jeremy Krammes können ebenso funktionale Werkzeuge wie auch Kunstobjekte sein.

Foto: Sharp by Coop

INHALT

VORWORT

Die Messer-Branche hat sich in den letzten 20 Jahren rasant verändert – was vor allem daran liegt, dass durch neue Technologien und Produktionsmethoden auch neue Bauweisen und Formen möglich sind. Ein Blick auf das aktuelle Marktangebot zeigt, dass ein großer Teil der Taschenmesser Eigenschaften aufweist, die man noch in den 1990er Jahren als ausgesprochen „taktisch" angesehen hätte. Dazu zählen vor allem einhändige Bedienung, ergonomische Griffe und Taschenclips, aber auch Materialien wie Micarta, G-10, Titan, Carbon und Pulverstahl. Allerdings wirken die meisten der modernen Taschenmesser in ihrer Optik überhaupt nicht „tactical". Und auch viele Nutzer betrachten sie gar nicht als taktische, sondern vielmehr als praktische Messer – nützliche Begleiter für den Alltag.

Wo also liegt dann der Unterschied zwischen tactical und practical? Hauptsächlich im Erscheinungsbild: Wenn man Konstruktion und Design moderner Taschenmesser analysiert, erkennt man, dass sich ein echter Unterschied zwischen praktischen und taktischen Funktionen selten – oder gar nicht – feststellen lässt. Das liegt daran, dass taktisch in vielerlei Hinsicht einfach praktisch ist. Man könnte daher sagen: Eigentlich handelt es sich gar nicht um Tactical Folder, sondern um Practical Folder.

Dieses Buch will nicht nur technisches Wissen rund um den Practical Folder, sondern auch die Philosophie dahinter vermitteln. Gegner des Messertragens könnten nun behaupten, dass hier ein überzeugter Messer-Narr versuche, eine Waffe in ein Werkzeug schönzureden. Tatsache ist aber, dass auch der Gesetzgeber die Gemeinsamkeiten von Tactical und Practical anerkennt. Die Verwaltungsvorschrift zum deutschen Waffengesetz betont ausdrücklich, dass moderne Einhandmesser „nützliche Gebrauchsmesser sein können" und sie nicht grundsätzlich mit Waffen gleichzusetzen sind.

Beim Practical Folder geht es also nicht um ein militärisch-taktisches Einsatzmesser, sondern vielmehr um ein Gebrauchs-Taschenmesser, das sich durch moderne Technik und Materialien auszeichnet. Dieses Buch will alle wichtigen Fragen zu diesem Thema beantworten. Auf den folgenden Seiten werden Hintergründe, Arretierungen, Bauweisen, Klingenformen, Stahlsorten und Griffmaterialien sowie rechtliche Fragen erläutert.

Dieses Buch wäre nicht ohne die Hilfe vieler Menschen zustande gekommen. An erster Stelle steht mein Freund Hadie Sievert, der mir nicht nur wertvolle Exemplare aus seiner Messersammlung zum Fotografieren überließ, sondern die gesamte Entwicklung des Buchs mit konstruktiver Kritik begleitete. Mein Dank gilt den vielen Firmen, die mir im Laufe der Jahre Testexemplare zur Verfügung gestellt haben. Schöne Fotos und erklärende Grafiken kamen vor allem von Benchmade, Böhler, Böker, Buck, Cold Steel, CRKT, Fox, Gerber, Kershaw, Pohl Force, Real Steel, Spyderco und Victorinox. Tolle Bilder erhielt ich vom Foto-Spezialisten Sharp by Coop sowie den Autorenkollegen Oliver Lang, Peter Fronteddu, Wolfgang Peter-Michel, Stefan Steigerwald und H.J. Wieland. Last not least bedanke ich mich bei den Kollegen vom Wieland Verlag für die Geduld beim Entstehen und insbesondere bei Caroline Wydeau für das tolle Layout.

Neben der Vermittlung von Wissen will dieses Buch auch die Ästhetik des modernen Taschenmessers zeigen und Begeisterung dafür wecken. Allen Lesern wünsche ich viel Freude dabei.

Thomas Laible

Das legendäre ATCF-Design von Bob Terzuola setzte Maßstäbe für moderne Folder.

Foto: Sharp by Coop

KAPITEL 1

PRACTICAL FOLDER: WAS IST DAS?

„Allzeit bereit – be prepared!"

– Motto der Pfadfinder –

Ein nützlicher Begleiter im Alltag – genau das ist ein Practical Folder. Ein möglichst vielseitig einsetzbares Schneidwerkzeug, das man möglichst immer und überall dabei haben kann – also ein Taschenmesser, das man per Clip einfach und bequem tragen kann.

Ein wichtiges Element des modernen Practical Folders ist die einhändige Bedienung. Wie viel praktischer ein Messer dadurch wird, sollte jedem einleuchten: Es geht hier nicht nur um zügiges und einfaches Öffnen, sondern auch darum, dass man die zweite Hand frei hat, um damit das Schnittgut zu ergreifen. Nachdem die Arbeit beendet ist, kann man dann das Messer auch wieder mit einer Hand einklappen und sicher in der Hosentasche verstauen.

Die Gefahr, dass man das geöffnete Messer zur Seite legt und später versehentlich in die Klinge greift und sich verletzt, wird durch die einhändige Bedienung verringert. Es ist daher kein Wunder, dass sich Einhandmesser, seit sie in den 1980ern aufkamen, zur wichtigsten Bauform auf dem Markt entwickelten. Das sieht man auf den ersten Blick, wenn man in die einschlägigen Kataloge und Online-Shops schaut.

TAKTISCH IST PRAKTISCH

Der moderne Practical Folder ging in vielerlei Hinsicht aus dem Tactical Folder der 1980er und 1990er Jahre hervor, ebenso wie das allseits beliebte Schweizer Taschenmesser aus dem ursprünglichen Soldatenmesser von 1891 entstand – im internationalen Sprachgebrauch sagt man deshalb auch „Swiss Army Knife" und nicht „Swiss Pocket Knife". So wie der Trenchcoat von einem ursprünglich militärischen Bekleidungsstück zur zivilen Alltagsbekleidung wurde, so wie GPS von einem Navigationssystem der US-Armee zur Basis von „Navis" in aller Welt wurde, so entwickelte sich auch

Links: Die Designs von bekannten Messermachern sind wegbereitende Vorbilder für die Industrie. Das elegante *Q36* von RJ Martin wurde viele Jahre von Kershaw in Serie produziert.

Dank computergesteuerter Fertigung ist heute eine schier endlose Vielfalt an Formen und Materialien erhältlich (Real Steel *Megalodon* • Giant Mouse *ACE Biblio* • Benchmade *Gravitator*).

das moderne praktische Taschenmesser aus dem taktischen Klappmesser.

Betrachtet man die Grundeigenschaften, so erkennt man kaum einen funktionalen Unterschied zwischen Practical und Tactical Folder. Der Unterschied liegt eigentlich nur im Aussehen des jeweiligen Messers.

Der Begriff Taktik hat zwar einen militärischen Hintergrund, reicht aber viel weiter. Laut Duden ist Taktik ein „festgelegtes Vorgehen im Hinblick auf Zweckmäßigkeit und Erfolg". Daran angelehnt kann man folgende Definition ableiten: Ein Tactical Knife ist ein für Zweckmäßigkeit und Einsatzerfolg besonders durchdachtes Messer.

	PRACTICAL	TACTICAL
Taschenclip	•	•
Arretierung	•	•
Einhand-bedienung	•	•
ergonomischer Griff	•	•
moderne Materialien	•	•
Tactical-Look	–	•

Das hört sich zunächst wie eine Binsenweisheit an, ist es aber nicht – denn gerade hinter scheinbar einfachen Designs stehen oft viele Überlegungen zur Funktion. Von diesem Punkt aus ist es nur ein kleiner Schritt bis zum Practical Folder: Besonders durchdachte Details, die für den militärischen Einsatz konzipiert wurden, sind auch im zivilen Alltag nützlich. Die Definition eines besonders durchdachten Messers trifft also ebenso auf Tactical Folder wie auch Practical Folder zu.

TRUE STORIES – MESSER ALS LEBENSRETTER

Manche Menschen sind der Überzeugung, dass man ein Messer nur zu Hause oder in vorher geplanten Situationen braucht, und fragen deshalb, wieso man ein Messer in der Tasche haben sollte – Tenor: „Ich geh' doch nicht auf Survival-Tour. Wozu brauch' ich dann ein Messer?" Dabei ist ganz bestimmt jeder schon mal in eine Situation gekommen, in der er ein Messer gebraucht hätte, aber keines dabei war. Hätte ich jedes Mal einen Euro bekommen, wenn sich jemand mein Taschenmesser ausgeliehen hat…

Ich wünschte auch, ich hätte ein Archiv von all jenen Geschichten angelegt, in denen ein Messer zum lebensrettenden Werkzeug wurde. Glücklicherweise hat die Schweizer Firma Victorinox unter dem Stichwort „True Stories" viele dieser Geschichten gesammelt. Das Schweizer Armeemesser ist das am weitesten verbreitete Taschenmesser der Welt. Da wundert es nicht, dass gerade dieses Messer in vielen Lebensretter-Geschichten eine Hauptrolle spielt. Viele dankbare Messerbesitzer haben an den Hersteller Victorinox geschrieben und ihre Geschichte erzählt. Eine Auswahl dieser Geschichten haben die Schweizer zusammengefasst und veröffentlicht: **www.victorinox.com**

Foto: Victorinox

WAS IST WAS?

❶ **Klinge**

❷ **Klingenheber:** für das einhändige Öffnen mit dem Daumen - als Daumenknopf, Daumenscheibe oder als Daumenloch

❸ **Flipper:** dient ebenfalls zum einhändigen Öffnen, sowie bei ausgeklappter Klinge auch als Handschutz

❹ **Achsenschraube**

❺ **Liner (Platinen):** diese bilden den Griffrahmen und bestehen entweder aus Stahl oder Titan

❻ **Griffschalen:** dienen der Rutschfestigkeit und besseren Handlage und sind auf die Liner aufgeschraubt

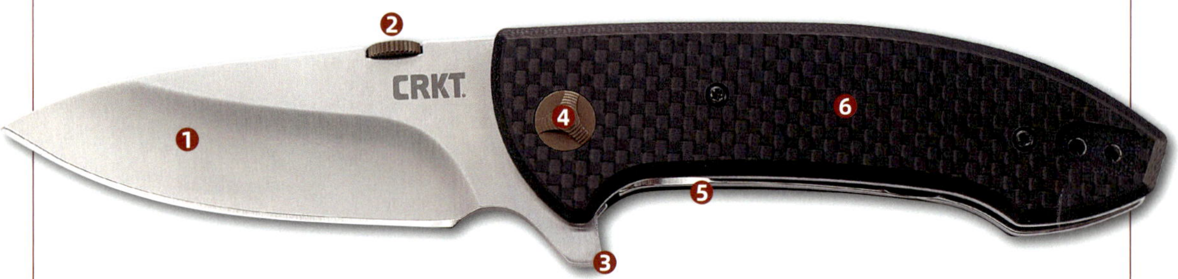

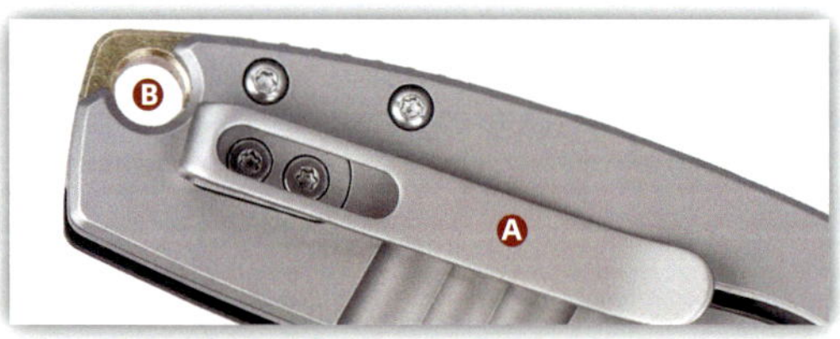

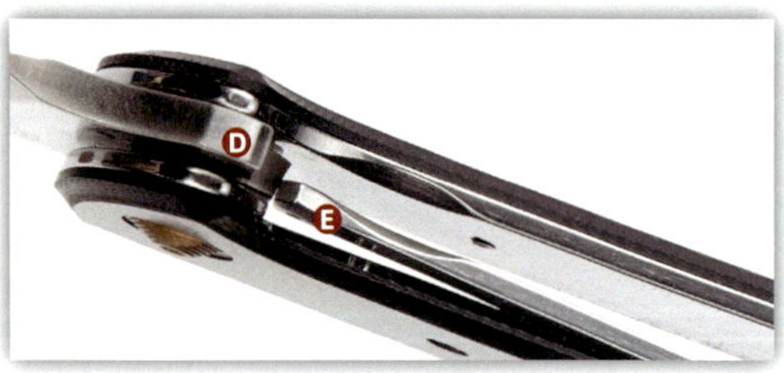

Ⓐ **Clip:** zum Befestigen des Messers in der Hosentasche

Ⓑ **Lanyard-Öse (Fangriemen-Öse):** zum Befestigen einer Handschlaufe oder Ziehhilfe

Ⓒ **Backspacer:** der Abstandshalter zwischen den Linern - er kann verschiedenste Formen haben

Ⓓ **Klingenwurzel:** der hinterste Teil der Klinge, der im Griff verborgen ist

Ⓔ **Arretierung:** hier in Form des bewährten Liner-Locks

Ⓕ **Flipper:** bei eingeklappter Klinge ragt er meist aus dem Griffrücken hervor

Fotos: CRKT

Wie sinnvoll ein Taschenmesser ganz allgemein und ein Practical Folder im Besonderen ist, wollen wir mit ein paar Thesen näher erläutern:

These 1: Ein Messer ist ein nützliches Werkzeug. Fast jeder Mensch besitzt eines und benutzt es auch regelmäßig.
These 2: Ein Messer kann nur dann als Werkzeug nützlich sein, wenn es auch verfügbar ist. Damit man es also in unvorhergesehenen Situationen einsetzen kann, muss man es dabei haben. Es gibt nichts Sinnloseres als ein Taschenmesser, das zu Hause im Schrank liegt, wenn man es unterwegs braucht.
These 3: Bei Unfällen und Notsituationen reicht es nicht aus, ein Messer im Rucksack oder einer Tasche zu haben. Es muss griffbereit am Körper getragen werden, um es nutzen zu können.
These 4: Im ungünstigsten Fall kann sich das Fehlen eines Messers lebensbedrohlich auswirken.

Es gibt sicher nur wenige Menschen, die nicht mindestens ein Messer besitzen – niemand wird These I wirklich widersprechen. Für These 2 gilt das nicht: Es gibt tatsächlich sehr viele Menschen, die nicht regelmäßig ein Messer dabei haben. Der Großteil der Bevölkerung der westlichen Industrienationen bewahrt seine Messer in der Küchenschublade, im Schrank oder Werkzeugkasten auf.

Durch die einhändige Bedienung wird die Benutzung eines Taschenmessers wesentlich einfacher (Real Steel H6 *Elegance*).

Ob klassisch handgeschmiedet oder moderne Produktion: Messer sind unverzichtbare Werkzeuge und begleiten die Menschheit seit Jahrtausenden (CRKT *M16*).

Dabei ist ganz bestimmt fast jeder schon einmal in eine Situation gekommen, in der er ein Messer gebraucht hätte, aber keines dabei hatte. Es gibt auch zahlreiche Berichte von Begebenheiten, in denen ein Messer sogar zum lebensrettenden Werkzeug wurde (siehe Info-Box Seite 11). Einen schönen Beleg – vor allem auch für die Thesen 3 und 4 – bietet eine der von Victorinox gesammelten „True Stories“:

Ein Schweizer Armeemesser rettete einem Autofahrer das Leben. Der 38-Jährige war auf einer Bundesstraße bei Oldendorf unterwegs, als er bei einem Überholmanöver die Kontrolle über das Fahrzeug verlor. Der Wagen schleuderte quer über die Gegenfahrbahn, riss einen Leitpfahl um, streifte einen Baum, überschlug sich im Straßengraben, blieb auf dem Dach liegen und fing Feuer. Der schwer verletzte Fahrer hing kopfüber im Sicherheitsgurt.

Die herbeigeeilten Helfer konnten den Gurt nicht lösen. Glücklicherweise befand sich unter ihnen auch der 73-jährige Rentner Rüdiger L., der immer ein Schweizer Armeemesser von Victorinox bei sich trägt. Unter Einsatz des eigenen Lebens schnitt er damit den Gurt durch – buchstäblich in letzter Minute, denn Hose und Jacke des Unfallopfers brannten bereits...

Solche Autounfälle passieren tagtäglich. Nach Angaben des Statistischen Bundesamtes ereigneten sich 2020 auf den Straßen Deutschlands 264.423 Unfälle mit Personenschaden, dabei wurden 2719 Menschen getötet. Das sind an jedem einzelnen Tag 732 Unfälle mit

Personenschaden – und täglich sieben Tote. Wohl dem, der bei einem Unfall ein scharfes Messer greifbar hat.

Der weltweite Erfolg des multifunktionalen Schweizer Armeemessers scheint diejenigen zu bestätigen, die die Vorteile aller modernen Taschenmesser mit Arretierung und Einhandbedienung bestreiten, diese nur als Waffen ansehen und deshalb gesetzliche Restriktionen befürworten. Natürlich kann man auch mit einem traditionellen Taschenmesser etwas schneiden, aber moderne Practical Folder bieten im Vergleich dazu noch einige funktionale Vorteile.

Bei der Ausschreibung für das aktuelle Taschenmesser der Schweizer Armee wurde die technische Modernisierung auf den Punkt gebracht: „Das alte Soldatenmesser entspricht in puncto Anforderungen an Sicherheit und Technologie nicht mehr den heutigen Anforderungen“, erklärte das Schweizer Beschaffungsamt Armasuisse. „So ist zum Beispiel die Klinge nicht arretierbar, was im Gebrauch zu Verletzungen führen kann.“

Das Bewusstsein, dass ein Taschenmesser auch im Alltag zum Lebensretter werden kann, war mit entscheidend für die Entwicklung der modernen Practical Folder. These 3 führt uns daher zurück zum Begriff Taschenmesser. Ein Taschenmesser ist – wie der Name schon besagt – dazu gedacht, täglich in der Tasche der Bekleidung getragen zu werden. Der moderne Begriff für diese Philosophie lautet *Every Day Carry* – EDC.

DAS LEBKUCHENHAUS

Ich besuchte ein erzkatholisches Gymnasium, auf dem man sicherlich mehr auf anständiges Benehmen achtete als in einer normalen, staatlichen Schule. Zu einer Weihnachtsfeier der Klasse – es muss 1983 oder 1984 gewesen sein – brachte eine Mitschülerin ein selbstgebackenes und unglücklicherweise sehr hart geratenes Lebkuchenhaus mit. Mein Klassenlehrer löste das Problem auf einfache Weise: „Thomas, du hast doch bestimmt dein Messer dabei. Her damit, das brauchen wir jetzt!“ Ein Taschenmesser in der Schule, damals ganz friedlich zum Kuchenschneiden benutzt, würde heutzutage möglicherweise einen Polizeieinsatz auslösen, gefolgt von psychologischer Betreuung der „traumatisierten“ Schüler und Disziplinarmaßnahmen für den Messerbesitzer.

Foto: Madeleine Steinbach/AdobeStock

Oben: Der Clip ist das wesentliche Element moderner Folder. Er revolutionierte das Tragen von Taschenmessern im Alltag (CRKT *Mah-Hawk*).

Rechte Seite: Auch „tacticoole" Taschenmesser werden vor allem als nützliche Helfer für Alltagsarbeiten eingesetzt (CRKT *Drifter*).

EVERY DAY CARRY

In früheren Zeiten hatten „richtige Jungs" immer ein Taschenmesser dabei. Das kennt man aus den Abenteuern von Tom Sawyer, den bei seinem ersten eigenen Taschenmesser nach den Worten von Autor Mark Twain ein „Schauer des Entzückens" durchfährt. Wem Tom Sawyer zu profan sein mag, der hält sich vielleicht lieber an den Dichterfürsten Johann Wolfgang von Goethe: In seinen Lebenserinnerungen beschreibt Goethe, wie er in seiner Jugend sein „schönes Taschenmesser" zu einem Liebes-Orakel verwendete.

Noch in den 1980ern lösten Taschenmesser bei weitem noch nicht jene Hysterie aus, die heute zum Teil damit verbunden ist. Auch Alt-Bundeskanzler Helmut Kohl (1930–2017) gehörte zu den bekennenden Messerträgern. An Parteifreunde der CDU verschenkte er gerne speziell angefertigte Taschenmesser mit seiner Unterschrift, und auf Partei-Veranstaltungen legte er häufig eine Vesper ein: Die Wurstscheiben schnitt er eigenhändig mit dem Taschenmesser ab und reichte sie seinen Parteikollegen auf der Messerspitze, wie *Der Spiegel* im September 1992 berichtete.

In heutiger Zeit bekennen sich nur wenige Persönlichkeiten des öffentlichen Lebens zum Tragen eines Taschenmessers. Einer dieser wenigen ist der bekannte Musiker Peter Maffay, der offen dazu steht, als „Reminiszenz an seine Kindheit" niemals ohne Taschenmesser aus dem Haus zu gehen: „...das ist eine Angewohnheit. So wie die Bayern eines an ihrer Lederhose tragen", erzählte Maffay der Presse. Auf die Frage, wieso er auch heute immer noch ein Messer mit sich trage, antwortete er: „Man weiß nie."

In den 1990ern wurden bei vielen Eltern Gegenstände wie Taschenmesser zunehmend verpönter – sie galten als zu gefährlich für Kinder. Durch das TV verbreitete sich auch immer stärker das Bild, dass nur kriminelle Jugendbanden ein Messer hätten. Viele Menschen dachten nicht mehr an das altbewährte Schweizer Taschenmesser, sondern eher an Szenen wie James Deans Messerkampf in *Denn sie wissen nicht, was sie tun* (1955) oder die

OLD SCHOOL ODER MODERN?

Ein leider verstorbener Freund und Autoren-Kollege war zwar kein ausgesprochener Messer-Fan, nutzte aber regelmäßig sein Taschenmesser. Als Liebhaber klassischer handgefertigter Feuerwaffen bevorzugte er auch bei Taschenmessern immer klassische, jagdliche Modelle wie zum Beispiel das Buck 110. Nach vielen unserer Gespräche neugierig geworden, entschloss er sich dazu, auch einmal einen modernen Practical Folder auszuprobieren. Nach etwa einer Woche rief er mich an, um mir begeistert zu versichern, er hätte sich gar nicht vorstellen können, wie viel praktischer ein Einhandmesser mit Clip im Alltag doch ist.

Foto: CRKT

Ob ein Messer eher Tactical oder eher Practical wirkt, ist oft nur eine Frage der Farbe, wie man an diesen baugleichen Versionen des Real Steel *Huginn* sieht.

Messer-Duelle in *West Side Story* (1961). Unzählige Folgen von TV-Krimis wie *Tatort* hinterließen einen ebenso negativen wie falschen Eindruck. Leider assoziieren heute viele Menschen ein Taschenmesser vor allem mit Jugendkriminalität und Gewalt.

Es gibt aber auch positive Beispiele in den Medien: In der Populärkultur wurde das Tragen eines Taschenmessers vor allem durch das Schweizer Armeemesser von *MacGyver* und später die TV-Serie *NCIS* bekannt. Der Quotenhit handelt von den Abenteuern einer Einheit der Strafverfolgungs-Behörde der US Navy (Naval Criminal Investigative Service). Der Leiter der Einheit, Leroy Gibbs (Mark Harmon), geht nach einer Reihe von durchnummerierten Regeln vor – was auch auf sein Team abfärbt und ihnen mehrfach das Leben rettet. Gibbs' Regel Nr. 9 lautet: „Gehe niemals ohne dein Messer irgendwohin!" Unter Messerfreunden wurde das zum geflügelten Wort, und man sieht nicht selten „#9"-Patches an Kleidung oder Taschen, die diese Haltung ausdrücken.

Während durch die politische Entwicklung der letzten Jahre einige Menschen im Alltag auf Taschenmesser verzichten, gibt es auch viele Bürger, die unbeirrt die Kultur des Taschenmessers pflegen und sich ohne Messer praktisch nackt fühlen. Dazu gehören natürlich die Messer-Freunde, die hochwertige Verarbeitung, scharfe Klingen und tolles Design schätzen. Dazu kommen die EDC-Fans, die nach dem alten Pfadfinder-Motto „Allzeit bereit" immer etwas dabei haben, was ihnen bei der Bewältigung des Alltags und auch von möglichen Notsituationen hilft.

Einige moderne Practical Folder integrieren die multifunktionalen Werkzeuge (Leatherman *Free K4*).

MODERNE PRACTICAL FOLDER

Auch wenn „Old School"-Taschenmesser praktische Helfer sind, so bezieht sich der Begriff Practical Folder auf moderne Taschenmesser mit ihren wesentlichen Eigenschaften: ergonomischer Griff, Einhandbedienung, Arretierung und Clip. Traditionelle Taschenmesser funktionieren nach wie vor zuverlässig, und zahlreiche Besitzer sind auch heute noch völlig zufrieden damit. Aber andere Nutzer haben andere Ansprüche an die Funktionalität. In den Aspekten Sicherheit, Mitführbarkeit und Bedienkomfort sind moderne Practical Folder eindeutig überlegen. Es ist wie bei Oldtimern: Kein Liebhaber von alten Autos stellt ernsthaft den praktischen Nutzwert von Airbag, Servolenkung, Zentralverriegelung, Klimaanlage und Einparkhilfe in Frage.

Gegenüber den klassischen Schweizer Armeemessern haben die meisten modernen Practical Folder allerdings einen Nachteil: Sie sind in der Regel nur mit einer Klinge ausgestattet. Zusatzwerkzeuge wie Flaschen- und Dosenöffner fehlen meistens. Das scheint viele Nutzer nicht zu stören – bei Klassikern wie dem Laguiole oder Opinel vermisst man sie ja auch nicht, und Schneiden ist schließlich die Hauptaufgabe eines Messers. Die Hersteller von Schweizer Taschenmessern haben den Bedarf auch erkannt und bieten inzwischen neben den klassischen Konstruktionen auch arretierbare und einhändig bedienbare Messer an. Und es gibt auch immer wieder moderne Einhandmesser, bei denen Zusatzwerkzeuge im Griff integriert sind.

Alles in allem sind sichere Arretierung, komfortable Einhandbedienung und vor allem der Taschen-Clip funktionale Vorteile, die die meisten Nutzer nicht mehr missen wollen. So wurde der Tactical Folder zum Practical Folder.

Die große Vielfalt der modernen Taschenmesser bietet für jeden Geschmack und jedes Budget ein geeignetes Modell (CRKT *Terrestrial* • Kizer *Rattler* • Tuya *Bruiser* • Spyderco *Domino* • WE Knife *Bullit*).

Foto: Sharp by Coop

KAPITEL 2

VOM TAKTISCHEN ZUM PRAKTISCHEN: DIE ENTWICKLUNG

Auch wenn moderne Practical Folder normale Gebrauchsmesser darstellen, gehen ihre Wurzeln auf die Tactical Folder der 1980er Jahre zurück. Zu den wichtigsten Wegbereitern gehörten der Spyderco-Gründer Sal Glesser und einige Messermacher wie Bob Terzuola. 1980 entwickelte Spyderco das Konzept eines damals völlig neuartigen Messers. Für Sal Glesser und Ehefrau Gail, die bis dahin nur Schärfgeräte herstellten und vertrieben, war es das erste Messer überhaupt. 1981 kam das Modell dann auf den Markt. Das Spyderco *Worker* vereinte zum ersten Mal jene drei grundlegenden technischen Elemente der heute üblichen Einhandmesser, die auch die wesentlichen Merkmale der Practical Folder darstellen:

- einhändig bedienbare Klinge
- Arretierung
- Taschenclip

In den 1960er und 1970er Jahren sehr populäre Taschenmesser wie das weit verbreitete Buck *110* waren auf zweihändige Bedienung ausgelegt: Die Klinge hatte dafür eine klassische Nagelkerbe. Um diesen Nachteil auszugleichen, entwickelten findige Tüftler das *Flick-it*: Dieses Hilfsmittel war eine Vorstufe des heutigen Klingenhebers und ermöglichte einhändiges Öffnen. Das *Flick-it* wurde auf den Klingenrücken handelsüblicher Klappmesser aufgeschoben und dann mit einer Schraube fixiert.

Flick-it und ähnliche Konstruktionen stellten aber für Spyderco-Chef Glesser keine überzeugende Lösung dar. Nach einigem Experimentieren kam Sal schließlich darauf, für den Daumen ein Loch in die Klinge zu bohren, was auch

„Tradition ist nicht die Bewahrung der Asche, sondern die Weitergabe des Feuers."

– Jean Jaurès –

Links: Das *Epicenter* von Messermacher Todd Rexford vereint alle funktionalen Elemente eines modernen Practical Folders mit elegantem Design.

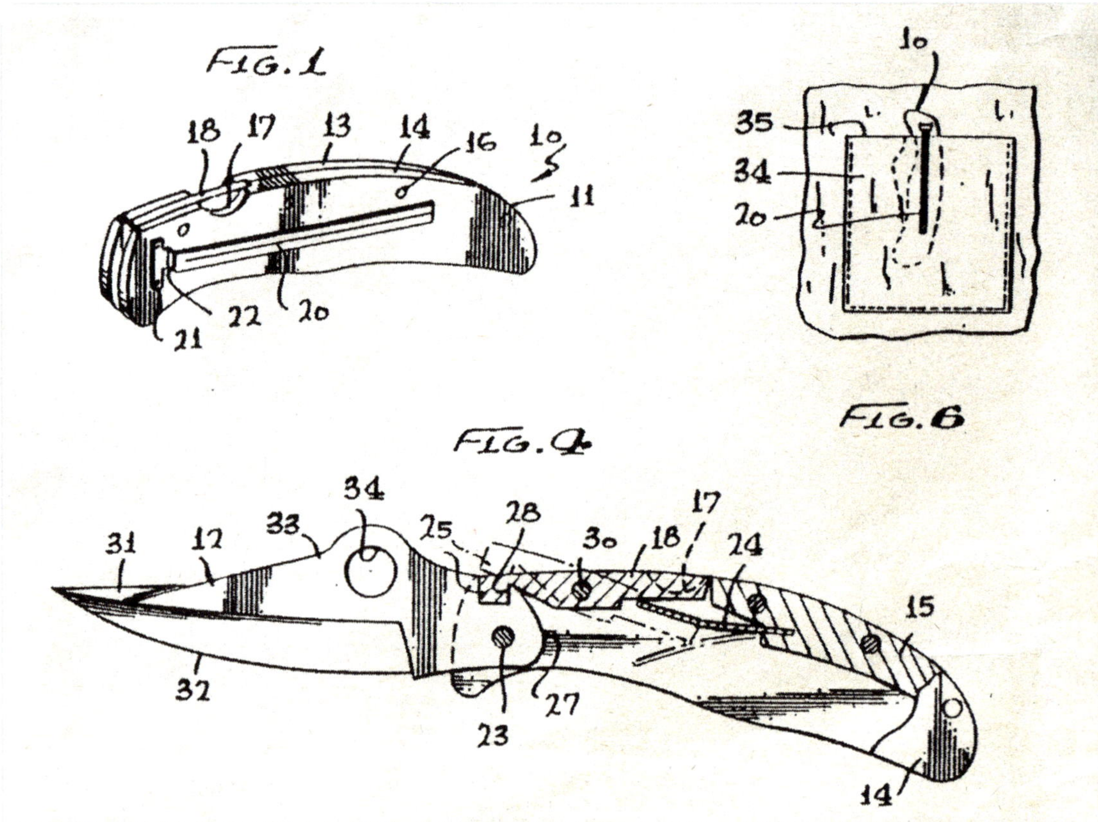

Fotos: Spyderco

Das 1980 patentierte Spyderco *Worker* war das allererste moderne Einhandmesser überhaupt.

die Bedienung durch Linkshänder ermöglichte. Das Daumenloch ist unter den verschiedenen Klingenhebern auf dem Markt nur eine Variante unter vielen (mehr dazu später).

Eines der anderen von Sal Glesser erfundenen Elemente hat sich aber weltweit durchgesetzt und ist mittlerweile unverzichtbar: der Taschenclip. Als Alternative zur Hosentasche gab es bis dahin nur Gürteletuis für Klappmesser. Solche Holster sind aber wesentlich unpraktischer als die Hosentasche – und lassen sich je nach Situation auch nicht immer tragen, ohne im gesellschaftlichen Umfeld Aufmerksamkeit und Anstoß zu erregen.

Der Clip revolutionierte das Tragen von Taschenmessern. Heute findet sich auf den allermeisten Klappmessern ein Clip. Selbst viele Klassiker wurden mittlerweile überarbeitet – sogar das legendäre Buck *110* ist mittlerweile in einer Version mit Clip und Klingenheber erhältlich. Diese sehr praktischen und mittlerweile auch seit über 30 Jahren bewährten Funktionselemente wollen viele Kunden nicht mehr missen.

Ein weiteres, wichtiges Element für die Entwicklung der Practical Folder kam ebenfalls in den frühen 1980ern auf: Der US-Messermacher Michael Walker verbesserte die vorher bereits bekannte Sperrfeder-Arretierung für Taschenmesser und machte sie unter der Bezeichnung Liner-Lock weltweit populär. Der Großteil der heute industriell oder auch in Handarbeit hergestellten Taschenmesser verwendet dieses System.

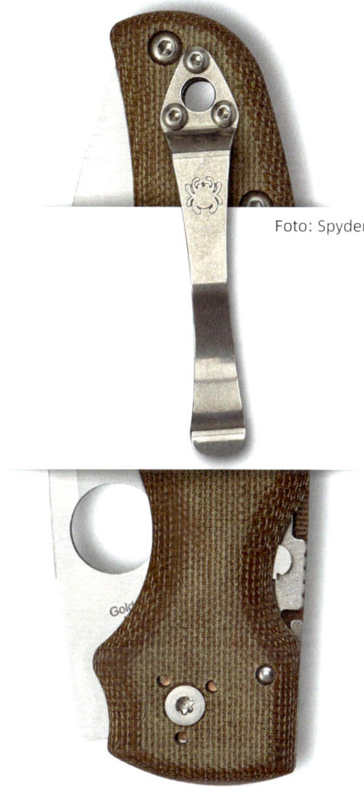

Foto: Spyderco

Der Clip an einem Taschenmesser war eine wirklich bahnbrechende Idee. Er veränderte die Art und Weise, ein Messer zu tragen, für immer.

BOB TERZUOLA UND DAS *ATCF*

Während Sal Glesser von Spyderco das moderne Einhandmesser erfand und damit Pionierarbeit leistete, waren es doch einige Messermacher, die mit ihren innovativen Designs den Weg zum modernen Practical Folder ebneten. Die Ursprünge vieler dieser Entwürfe lagen im Tactical Folder, dessen Entwicklung durch mehrere grundsätzliche Überlegungen geprägt wurde:

1) Das Messer sollte eine Vielzahl von anfallenden Schneidarbeiten möglichst gleichbleibend effektiv erledigen können.

Das legendäre *ATCF*-Design war der Ahnvater aller modernen Tactical Folder. Hier die sehr seltene Kleinserienversion von Microtech.

2) Das Messer sollte sowohl im Alltag als auch bei unverhofft auftretenden Notfällen möglichst einfach und schnell zur Verfügung stehen.
3) Das Messer sollte sich im Notwehr-Fall auch als Abwehrmittel eignen.

Während Punkt 3 für die meisten Messerfreunde kein Kriterium mehr ist, machen die Punkte 1 und 2 nach wie vor das grundsätzliche Wesen eines Practical Folders aus. Stilprägend für diese Entwicklung war vor allem der amerikanische Messermacher Robert „Bob" Terzuola: Sein legendäres *ATCF*-Design gilt als Ahnvater aller taktischen Taschenmesser – und damit letztlich auch der modernen Practical Folder.

Terzuola wurde sich in den 1980ern immer mehr bewusst, dass es nicht nur im militärischen oder polizeilichen Einsatz, sondern auch im zivilen Alltag jederzeit zu Notfall-Situationen kommen kann. Das tollste Messer nutzt gar nichts, wenn es nicht dabei ist, wenn man es braucht. Diese Erkenntnis war der Ausgangspunkt für Terzuola.

Bob erdachte ein Messer, das man möglichst immer dabei haben sollte: bequem zu tragen, einfach zu ziehen und aufzuklappen. Es sollte sich als möglichst vielseitiges Gebrauchsmesser eignen, aber auch als Lebensretter für Notfälle und als Abwehrmittel.

BUCK *110*: KLASSISCH VS. MODERN

Es ist einer der ganz großen Klassiker: Seit den 1960er Jahren wird das Modell *110 Folding Hunter* von Buck ununterbrochen produziert. Das Design inspirierte viele andere Messerhersteller und wurde auch unzählige Male kopiert. Auch wenn das *110* immer noch in der originalgetreuen Version gefertigt wird, gibt es inzwischen auch diverse Varianten mit taktischen Konstruktions-Elementen - sie richten sich an die Kunden, die moderne Funktionen bevorzugen.

- Das klassische *110* besitzt eine schlanke Bowie-Klinge aus 420HC-Stahl, die zweihändig per Nagelkerbe ausgeklappt wird und per Back-Lock arretiert. Der Griff besteht aus einem Messingkörper mit doppelten Backen und Griffeinlagen aus Ebenholz. Das 204 Gramm schwere Messer wird mit einem Lederetui am Gürtel getragen.
- Das *110 Slim Pro* besitzt das gleiche Profil, und der Back-Lock ist auch hier noch altmodisch am Griffende angeordnet. Die Klinge aus 154CM-Stahl wird einhändig per beidseitigem Daumenpin ausgeklappt. Der Griff besteht aus selbsttragenden Micarta-Schalen ohne zusätzliche Liner und ist dadurch deutlich dünner. Das 85 Gramm leichte Messer wird mit nach links umsetzbarem Taschenclip getragen.

Fotos: Buck

Das Buck *110* in der klassischen und der modernen *Slim Pro*-Version.

PHARAOH
AIRFRAME
GERBER
MY TIGHE
kershaw
1850G10SW
Pat. Pending
MADE IN USA
154CM
CPM-D2
kershaw

In einer Zeit, in der große Taschenmesser meist noch mit Gürteletui getragen wurden, verwendete Terzuola einen Taschenclip: Das war seiner Meinung nach die praktischste und komfortabelste Lösung zum Tragen eines Taschenmessers. Bob Terzuola setzte als erster Messermacher Spydercos Erfindung des Taschenclips an einem handgearbeiteten Custom Knife ein.

Die Größe ist ein wichtiger Faktor bei einem Taschenmesser. Wie wir im Kapitel über Klingen noch sehen werden, ermöglicht eine längere Klinge durch den dynamischen Schneidenwinkel effektivere Schnitte. Andererseits lässt sich ein wirklich sehr großes Klappmesser nicht gut in der Hosentasche transportieren – aufgrund der unterzubringenden Mechanik ist der Griff spürbar länger als die Klinge. So kompakt wie nötig, aber so groß wie möglich – damit lässt sich dieses Prinzip sehr gut zusammenfassen.

Ein anderer Aspekt, der in die Überlegungen zur Größe einfloss, war das Waffenrecht. In vielen US-Bundesstaaten ist die Klingenlänge eines Taschenmessers per Gesetz begrenzt: auf vier Zoll (10,2 Zentimeter), 3,5 Zoll (8,9 Zentimeter) oder manchmal noch weniger. Daher liegen Terzuolas Designs in der Regel zwischen dreieinhalb und knapp vier Zoll Klingenlänge.

Die weiteren Überlegungen Bob Terzuolas betrafen die Form. Bei der Klinge war für ihn selbstverständlich, dass sie als tägliches Werkzeug tauglich sein und gute Schneideigenschaften haben sollte. Der Griff sollte die Klinge vollständig aufnehmen, aber auch möglichst komfortabel und sicher in der Hand liegen. Und zusätzlich sollte der Griff auch noch Schutz für die Finger bieten, damit diese nicht in die Klinge rutschen können.

Am Ende des Designprozesses* in den späten 1980er Jahren stand das Modell *ATCF* (Advanced Technology Combat Folder). Es zeichnet sich durch ein sehr geradliniges, schnörkelloses Design und eine knapp vier Zoll lange Klinge mit leichtem Hohlschliff aus, die eine vielseitige und elegante Mischung aus Drop-Point- und Spear-Point-Form darstellt. Sie kann über den beidseitigen Klingenheber in Form einer kleinen Scheibe gleichermaßen von Rechts- wie von Linkshändern bedient werden. Für die Arretierung der Klinge ist ein Liner-Lock aus Titan zuständig.

Der Griff verzichtet auf ausgeprägte Fingermulden, damit man ihn in der Hand auch einfach wenden kann. Der Clip ist Tip-up montiert (also so, dass die Klingenspitze beim angeclippten Messer nach oben zeigt), und es gibt eine Fangriemenöse. Eine besonders elegante Lösung ist das zum Zeigefingerschutz geformte vordere Griffende: Es ist passgenau zur Daumenrampe auf dem Klingenrücken geformt, so dass das Messer im geschlossenen Zustand möglichst gut in der Tasche zu tragen ist.

Links: Messermacher, die die frühen Jahre prägten, waren Pat Crawford (Rekat *Carnivore*), Allen Elishewitz (CRKT *Pharao*), Bill Harsey (Gerber *Airframe*), Brian Tighe (CRKT *My Tighe*), RJ Martin (Kershaw *Groove*) oder Ken Onion (Kershaw *Tyrade*).

* Wer den Entwicklungsprozess des *ATCF* im Detail nachlesen möchte, dem empfehle ich Bob Terzuolas sehr interessantes Buch *The Tactical Folding Knife*.

Das *ATCF* hat sich als zeitloser Klassiker erwiesen, die Nachfrage ist seit über 30 Jahren ungebrochen. Zum Leidwesen der vielen Messerfreunde, deren Budget für ein *ATCF* aus der Werkstatt von Terzuola nicht reicht, hat es in all den Jahren leider nur wenige, limitierte Serienversionen des Original-Designs gegeben. Darüber hinaus hat Bob Terzuola unzählige andere Messermacher und Industriedesigner beeinflusst: Das *ATCF* gilt zu Recht als Stammvater aller Tactical Folder. Andere Pioniere dieses Typs – etwa die Messermacher Bill Harsey, Pat Crawford, Harold „Kit" Carson, Allen Elishewitz oder John W. Smith – folgten ähnlichen Konzepten.

TECHNISCHE ENTWICKLUNGEN

Das Grundprinzip eines Practical Folders hat sich in den letzten 30 Jahren nur wenig verändert. Allerdings gab es revolutionäre Entwicklungen in Konstruktion und Fertigung. 1999 kam das CRKT *M16* auf den Markt, ein Design des mittlerweile verstorbenen Messermachers „Kit" Carson. Als ehemaliger Berufssoldat hatte er es als leichtes Klappmesser für den taktischen Einsatz gestaltet: Das Design war funktionsorientiert, ästhetische Aspekte spielten praktisch keine Rolle. Trotzdem – oder vielleicht gerade deshalb – war das Messer vom Start weg ein Erfolg. Die verschiedenen *M16*-Varianten haben sich zu Hunderttausenden verkauft und sind auch nach über 20 Jahren noch aktuell.

Ein Grund für den Erfolg des Messers war der Flipper: Hier läuft die Klingenwurzel in einen kleinen Hebel aus, der im geschlossenen Zustand aus dem Griffrücken hervorragt. Wenn man mit dem Zeigefinger an diesem Hebel zieht, wird die Klinge ein Stück aus dem Griff herausgeschoben, und mit etwas Schwung aus dem Handgelenk klappt sie dann vollständig aus. Der Flipper ist ein ebenso einfaches wie zuverlässiges Öffnungssystem – und die Bedienung macht einfach Spaß. Obwohl „Kit" Carson den Flipper nicht selbst erfunden hatte – was er auch offen zugab –, wurde dieses Öffnungssystem erst durch sein *M16* weltweit populär.

Eine technologische Entwicklung der 1990er Jahre, die man nicht vergessen darf, ist moderne Maschinenfertigung: Klingen, die per Laser oder Wasserstrahl ausgeschnitten und dann von computergesteuerten (CNC-) Schleifmaschinen weiterbearbeitet wurden, sowie Griffe, die komplett von Maschinen ausgefräst wurden. Durch CNC-Maschinen wurde die relativ kostengünstige Produktion von komplexeren Formen möglich – was eine bis dahin nie gekannte Vielfalt brachte. Viele Hersteller begannen nun, die gefragten Erfolgsmodelle von Messermachern in preisgünstigen Serienversionen zu produzieren.

Der nächste technische Sprung kam Anfang der 2000er Jahre: Bis dahin waren industriell produzierte Messergriffe meist sehr flach – eben aus Flachmaterial herausgearbeitet. Wenn überhaupt fand man in den Griffen nur

Fotos: CRKT

Das von „Kit" Carson entworfene CRKT *M16* ist seit über 20 Jahren ein weltweites Erfolgsmodell. Durch das *M16* wurde der praktische Flipper-Mechanismus erst richtig populär.

Foto: Victorinox

Auch bei der Schweizer Traditionsfirma Victorinox sind mittlerweile moderne Einhandmesser wie das *Hunter Pro M* zu finden.

Foto: Fox

Wie hier bei der Firma Fox, werden moderne Messer mit Laser und CNC-Maschinen gefertigt.

Foto: Pohl Force

eingefräste Rillen und Vertiefungen. Moderne CNC-Fräsmaschinen können dagegen ein Werkstück in mehreren Achsen bearbeiten, so dass man dreidimensionale Formen erzeugen kann.

Das sogenannte 3D-Fräsen revolutionierte die Messerherstellung, denn nun waren in der Serienfertigung sehr komplex strukturierte Griffe möglich. Zuvor konnten dies nur Messermacher mühsam in Handarbeit erzeugen. Zu Beginn waren 3D-gefräste Griffe nur den hochwertigen und sehr teuren Messern vorbehalten, wie zum Beispiel die ersten Modelle von Zero Tolerance. Mittlerweile sind 3D-Fräsmaschinen so verbreitet, dass selbst preisgünstige Modelle mit Griffen aus 3D-gefrästem G-10 ausgestattet sind.

Eine relativ junge technische Entwicklung sind kugelgelagerte Klingen. Bis dahin waren die meisten Klingen auf Gleitscheiben aus Kunststoff oder Teflon, bei hochwertigen Messern aus Phosphorbronze gelagert. Dadurch ergibt sich beim Öffnen etwas Reibungswiderstand. Durch das Kugellager gibt es dagegen praktisch keine spürbare Reibung mehr, das Öffnen läuft schnell und sanft, Wartung ist kaum nötig.

Kugelgelagerte Klingen sorgten für einen regelrechten Boom der Flipper, die bis dahin nur ein Öffnungssystem unter vielen darstellten. Inzwischen sind Flipper das beliebteste Öffnungssystem. Dank der Kugellager ist kaum zusätzlicher Schwung aus dem Handgelenk nötig, damit die Klinge leichtgängig ausklappt. Waren bis zur Einführung der Kugellager die meisten Messer mit Flipper zusätzlich noch mit einem Daumenpin oder ähnlichen Klingenhebern

Durch kugelgelagerte Klingen lassen sich moderne Folder viel einfacher und sanfter ausklappen.

CUSTOMIZED

Recht häufig findet man auf dem Markt ein Messer, bei dem nahezu alles stimmt... bis auf ein oder zwei kleine Details. Auch mir ist das schon sehr oft passiert. Handwerklich begabte Messerfreunde legen dann oft selbst Hand an und optimieren das Messer mit Dremel, Feile und Schleifpapier. Manchmal fertigen sie sogar komplett neue Griffschalen an. Ich persönlich bin handwerklich alles andere als begabt – ich habe die sprichwörtlichen zwei linken Hände. Aber es gibt zum Glück kleine Werkstätten, die sich auf Tuning und Customizing von Messern spezialisiert haben. Eine davon ist die unter Messerfreunden gut bekannte deutsche Firma Cuscadi (Custom Scale Division).

Bei den beiden gezeigten Messern von Benchmade hat Cuscadi für mich Hand angelegt. Das Contego (oben) ist ein Design des Messermachers Warren Osborne. Im Original besaß das Messer Griffschalen aus schwarzem G-10 mit einer sehr rauen „Taschenfresser"-Struktur. Hier habe ich bei Cuscadi Griffschalen aus coyotefarbenem G-10 mit handgeschliffenen Grooves anfertigen lassen.

Das Benchmade Boost punktet mit einer tollen Handlage, allerdings war die Serienversion mit für meinen persönlichen Geschmack nur mäßig attraktiven Griffschalen aus gummiertem Glasfaserkunststoff ausgestattet. Cuscadi hat für mich passende Griffschalen aus mehrfarbigem Python-Micarta angefertigt. Bei dieser Gelegenheit wurde die Klinge mit einem Stonewash-Finish versehen und auch die Feder des Assisted Openers entfernt. Jetzt handelt es sich um ein klassisches Einhandmesser mit ganz neuem Look (www.cuscadi.de).

versehen, so wird darauf inzwischen oft verzichtet – viele Modelle sind nur noch mit Flipper ausgestattet.

Moderne Maschinenfertigung und Globalisierung spielen auch in den letzten Aspekt der technischen Entwicklung hinein: Das Preis-Leistungs-Verhältnis ist in den letzten Jahren sehr viel besser geworden. Dieser Qualitätssprung zeigt sich in allen Preisklassen: Man erhält ordentliche Messer bereits ab rund 20 Euro, richtig gute Modelle zwischen 50 und 100 Euro, und in der Premiumklasse von rund 200 bis 400 Euro wird heute eine Qualität geboten, die früher nur bei handgearbeiteten Messern zu finden war. Die Ursache dafür liegt einerseits in der Globalisierung – namentlich in der Fertigung in China und Taiwan –, andererseits auch in den modernen, CNC-gesteuerten Fräs- und Schleifmaschinen.

Foto: CRKT

Messermacher Ken Onion prüft die CRKT-Serienversion seines *Outrage* mit kritischem Blick.

FERTIGUNG IN FERNOST

Die wichtigen Produktionszentren für moderne Taschenmesser liegen in den USA, im italienischen Maniago und in Asien. Rein von der Menge her kommt dabei den Standorten in Fernost derzeit die größte Bedeutung zu. Natürlich ist die Messer-Fertigung in Asien nicht neu. Man kennt sie bereits seit den 1960er Jahren, zunächst in Japan, dann in Taiwan und heute auch in China. Allerdings wurde damals daraus gern ein Geheimnis gemacht: Viele bekannte Messermarken verschwiegen, dass die Produktion in Fernost stattfand – verlangten aber für diese Modelle manchmal die gleichen Preise wie für in den USA oder Europa gefertigte Messer. Sehr oft setzte man darauf, dass ein bekannter Markenname ausreichen würde, um die teilweise deutlich zu Tage tretenden Qualitätsmängel zu kaschieren.

Ende der 1990er Jahre begann diese Praxis für die Firmen zum Problem zu werden: Durch das Aufkommen des Internets konnten sich Messerfreunde in aller Welt austauschen. In Foren wurden auch Qualitätsprobleme diskutiert, und schlechte Kritiken verbreiteten sich

3D-gefräste Griffe in Titan und G-10 zeigen die ganze Vielfalt und auch Schönheit der modernen Folder (Fox Wilson *Extreme Light* • Kizer *Rattler* • Rike *Knight* • Benchmade *Rift* • Benchmade *Axis Flipper*).

per Mausklick blitzschnell. So machte es rasch die Runde, wenn eine bekannte Marke für ein Messer von einfacher Qualität satte 100 Euro verlangte, während man von unbekannten „No Name"-Marken die gleiche Qualität für 20 bis 30 Euro erhielt. Ebenso merkte man, wenn verschiedene Firmen auf das gleiche China-Modell einfach ihre eigene Marke lasern ließen, und man dann das gleiche Messer unter verschiedenen Marken und zu ganz unterschiedlichen Preisen fand.

Der erste Hersteller, der das Thema Produktion in Fernost ganz offensiv und mit einer gezielten Marketing-Strategie anging, war die 1994 gegründete Firma CRKT (Columbia River Knife & Tool). Sie ließ die Designs bekannter Messermacher wie Jim Hammond oder Pat Crawford in Taiwan (heute in China) fertigen und brachte sie als Serienmodelle zu verhältnismäßig günstigen Preisen auf den Markt. Die Qualität dieser Messer war vergleichsweise hoch. Die Botschaft war: US-Design plus Fernost-Fertigung ergibt ein Messer mit tollem Preis-Leistungs-Verhältnis. Das Konzept ging auf: Innerhalb weniger Jahre entwickelte sich CRKT zu einer der weltweit wichtigsten Messermarken.

Manche Hersteller nahmen sich an CRKT ein Beispiel. Andere teilten ihre Produktion auf: Premium-Linien wurden in den USA oder Europa gefertigt,

Foto: CRKT

günstigere Linien dagegen in Taiwan oder China hergestellt.

Nach Jahren der Fertigung für westliche Marken sind heute chinesische Firmen mit ihren eigenen Marken auf dem internationalen Markt vertreten. Auch in China arbeiten Konstrukteure und Designer, die ihr Handwerk sehr gut verstehen. Das Resultat sind tolle Messer mit hervorragendem Preis-Leistungs-Verhältnis. Eine der ersten Firmen, die so auf dem internationalen Markt Erfolg hatte, war Real Steel.

Mittlerweile gibt es zahlreiche chinesische Marken, die gute Produkte anbieten. Ein Auslöser für diesen Boom war unter anderem ein verändertes Waffenrecht in China, womit moderne Einhandmesser legalisiert wurden. Dadurch entstand ein großer Inlandsmarkt, und die Nachfrage stieg enorm.

Ein Kontrastprogramm zur industriellen Produktion in China ist das sogenannte Mid-Tech. Hier werden von Messermacher-Werkstätten Kleinserien gebaut. Die Basis sind hochwertig, aber maschinell gefertigte Bauteile. Diese werden anschließend von Hand weiterverarbeitet. Montage, Anpassung und vor allem Schliff und Feinabzug der Schneide erfolgen durch die Hand eines Experten. Viele dieser handgefertigten Practical Folder sind im Prinzip solche Mid-Tech-Knives. Die Preise liegen je nach Material und Ausstattung zwischen 400 und 700 Euro.

CRKT war die erste Firma, die offen damit warb, US-Designs wie das *Cruiser* von Jim Hammond als preisgünstige Version in Fernost zu produzieren.

WERKZEUG ODER WAFFE?

Die Entwicklung vom Tactical zum Practical Folder führt uns zur häufig gestellten Frage: Wann gilt ein Messer als Waffe und wann nicht?
Nach deutschem Recht handelt es sich bei „Hieb- und Stoßwaffen" um Gegenstände, die „ihrem Wesen nach" dazu bestimmt sind, Menschen zu verletzen. Das sind aber nur sehr wenige Messer. Laut der „Verwaltungsvorschrift zum Waffengesetz" (WaffVwV) kommt es darauf an, ob ein Messer „in seiner gesamten Gestaltung objektiv dazu bestimmt ist, als Waffe die Angriffs- und Abwehrfähigkeit von Menschen zu beseitigen oder herabzusetzen". Das ist nicht der Fall, wenn die Klinge „in ihren technischen Merkmalen (Länge, Breite, Form) der eines Gebrauchsmessers entspricht. Hiervon kann in der Regel dann ausgegangen werden, wenn der aus dem Griff herausragende Teil der Klinge kürzer als 8,5 Zentimeter oder nicht zweischneidig ist". Das bedeutet aber nicht im Umkehrschluss, dass alle größeren Messer automatisch Waffen darstellen. Neben den objektiven technischen Merkmalen spielt bei der Beurteilung auch die „herrschende Verkehrsauffassung" eine Rolle, die von der Darstellung durch Hersteller und Designer sowie die Vermarktung einzelner Modelle - und nicht selten auch durch Vorurteile seitens der Justizbehörden - beeinflusst wird. In Zweifelsfällen ist beim Bundeskriminalamt (BKA) ein - natürlich kostenpflichtiger - Feststellungsbescheid zu beantragen.

Die Grenzen zwischen Waffe und Werkzeug sind fließend. Wie folgendes Beispiel beweist, reichen selbst dezidiert taktische Merkmale nicht aus, um ein Messer automatisch zu einer Waffe im Sinne des Gesetzes zu machen.
Die Waffe: Vor einigen Jahren entwickelte die Firma Böker zusammen mit dem Nahkampf-Experten Jim Wagner ein Taschenmesser zur Selbstverteidigung.

WERKZEUG

Die Version *Reality-Based Blade Outdoor* wurde vom BKA als Gebrauchsmesser eingestuft.

Die Rückenschneide ist nur angeschliffen, nicht scharf.

Es gibt keinen Klingenheber für einhändiges Öffnen.

Obwohl der Griff derselbe ist wie beim Selbstverteidigungsmesser, wird vom BKA anerkannt, dass die rutschfeste Form auch für Gebrauchsmesser sinnvoll ist.

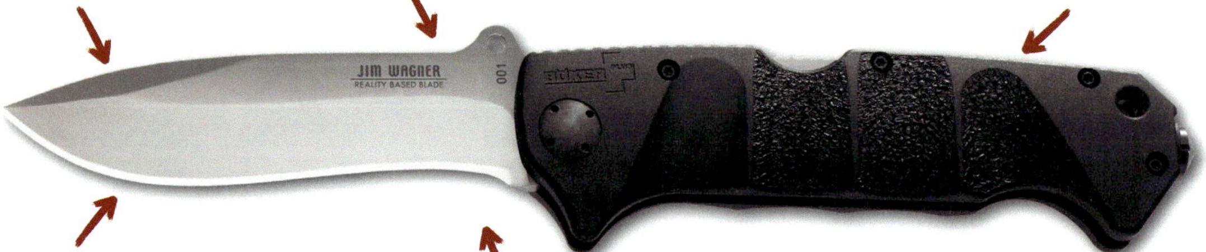

Die bauchig ausgeprägte Klinge ist nach Meinung des BKA untypisch für Stichwaffen.

Trotz der Klingenlänge von deutlich mehr als 8,5 Zentimetern bietet sich hier laut BKA der „Gesamteindruck eines Gebrauchsmessers".

Das *Reality-Based Blade* war angelehnt an Wagners gleichnamiges Selbstverteidigungssystem und in mehrfacher Hinsicht eine Waffe:

- Die Gesamtform war objektiv erkennbar auf den Einsatz als Waffe ausgerichtet.
- Das Modell wurde vom Hersteller als Selbstverteidigungsmesser bestimmt und auch so vermarktet.
- Das Messer wurde als Ergänzung eines bestimmten Nahkampfsystems entwickelt und trug auch diesen Namen.

Das Gebrauchsmesser: Zu der in vielen Punkten baugleichen Version *Reality-Based Blade Outdoor* gibt es einen Feststellungsbescheid des BKA (Az: SO11-5164.01-Z-238). Er bescheinigt dem Messer, keine Waffe zu sein, obwohl es Merkmale des ursprünglichen *RBB* aufwies. Das BKA kam zu dem Schluss, dass der Griff des Selbstverteidigungsmessers auch bei Gebrauchsmessern von Vorteil ist, da er „bei der Handhabung mit nassen Händen einen guten Halt bietet". Ein wichtiger Unterschied ist die stumpfe Rückenschneide: Scharf geschliffen diene sie dazu, „die Stichwirkung zu erhöhen". Beim *RBB Outdoor* ist sie jedoch nur angeschliffen, so dass es sich nur um „ein Designelement" handelt. „Gegen eine Waffeneigenschaft sprechen die Zweckbestimmung des Herstellers, die einseitig geschärfte Klinge, die bauchige Klingenform (untypisch bei Stichwaffen) und die Tatsache, dass zum Öffnen der Klinge beide Hände benötigt werden", stellte das BKA fest, so dass es „trotz einer Klingenlänge von circa zehn Zentimetern vom Gesamteindruck einem Gebrauchsmesser entspricht und daher seinem Wesen nach" nicht als Waffe bestimmt sei.
Obwohl in diesem Beispiel das zweihändige Öffnen als Kriterium genannt wurde, werden auch Einhandmesser nicht automatisch als Waffen angesehen. In der WaffVwV wird ausdrücklich betont, dass sie „nützliche Gebrauchsmesser sein können".

WAFFE

Das *Reality-Based Blade* ist als Selbstverteidigungsmesser bestimmt und wird rechtlich als Waffe angesehen.

Fotos: Böker

Der Bereich der hochwertigen Messer wird zunehmend mehr von limitierten Kleinserien in Pulverstahl, Titan und Carbon geprägt. Das *Balmis* von Miguel Barbudo wird im Auftrag der deutschen Firma Tools for Gents bei Reate in China gefertigt.

Foto: CRKT

KAPITEL 3

WISSENSCHAFT UND KUNST: DIE KONSTRUKTION

„Das Ganze ist mehr als die Summe seiner Teile."

– Aristoteles –

Ein Taschenmesser herzustellen, das auf dem Papier alle Voraussetzungen eines Practical Folders erfüllt, ist keine allzu große Herausforderung. Aber ein Messer zu fertigen, das man wirklich rundum als gelungen bezeichnen kann, ist dagegen eine Wissenschaft für sich. Das Ergebnis ist nicht nur eine Frage von Fertigungs- und Materialqualität, sondern noch viel, viel mehr von technischer Konstruktion und einem durchdachten Design. Das hochwertigste Material und die beste Fertigung nutzen nichts, wenn das Messer schlecht konstruiert ist. Dagegen funktioniert ein gut konstruiertes Messer auch dann, wenn man zum Beispiel einen einfachen Stahl verwendet hat oder noch Bearbeitungsspuren zu sehen sind.

Der nächste Schritt ist es, einer funktional gelungenen Messerkonstruktion auch noch eine ästhetische Form zu verleihen. Spätestens hier wird dann die Wissenschaft zur Kunst. Und die wird in der Messerbranche immer wichtiger – was dazu führt, dass immer mehr Hersteller die populären Designs der bekannten Messermacher in Serienproduktionen umsetzen.

Die sprichwörtliche „eierlegende Wollmilchsau" gibt es auch bei Messern nicht. Darüber muss man sich vor dem Kauf – und erst recht vor der Konstruktion – eines Practical Folders klar sein. Natürlich sind im Gegensatz zu Spezialmessern für Handwerker oder Köche die Taschenmesser als universell einsetzbare Werkzeuge gedacht. Aber sie sind dennoch für einen bestimmten Einsatz-Schwerpunkt konzipiert.

In den Tiefen der Sozialen Medien stößt man immer wieder auf User, die schlanke, kugelgelagerte Flipper beim Bushcaft-Einsatz zum Durchhacken von Ästen oder zum Batoning verwenden .

Links: Das von CRKT in Serie produzierte *Hootenanny* im Design von Ken Onion zeichnet sich durch ebenso funktionale wie ästhetische Formgebung aus.

BAUTEILE EINES MODERNEN FOLDERS

1. Klinge
2. Daumenpin
3. Achsenschraube
4. Griffschalen
5. Klingenlager
6. Stopp-Pin
7. Detentball
8. Liner (Platine)
9. Locking Liner
10. Backspacer
11. Lanyardöse (Hülse)
12. Taschenclip

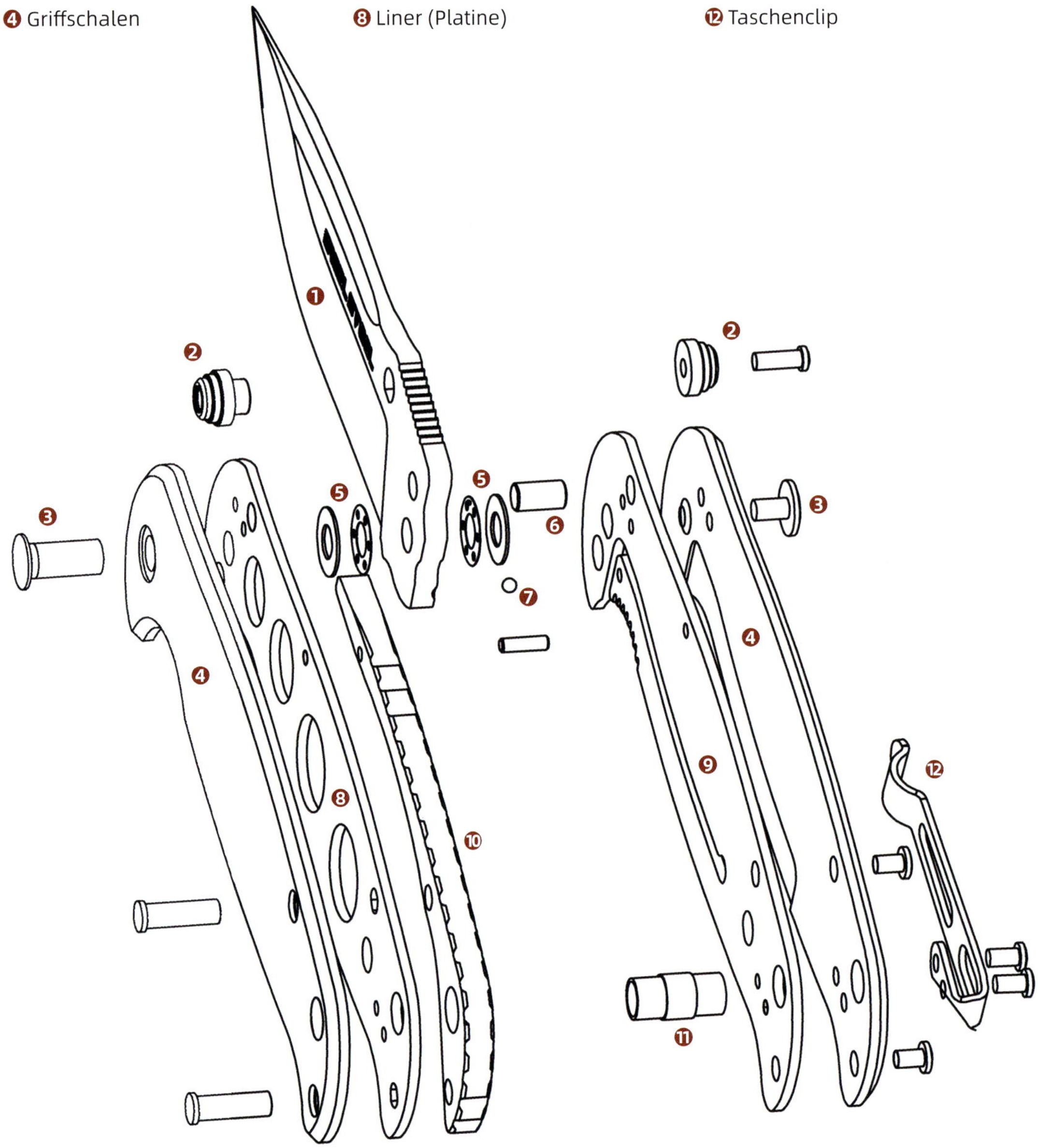

Grafik: Real Steel

Das Messer wird dabei wie eine Axt zum Spalten von Holz eingesetzt. Hinterher wundern sie sich dann darüber, dass auch bei einem hochwertigen Messer der Klingengang nicht mehr stimmt, die Klinge seitliches Spiel hat, nicht mehr richtig arretiert oder andere Beschädigungen aufweist. Da kann man nur sagen: Für solche Arbeiten ist ein EDC-Flipper nicht gedacht.

Dafür verwendet man am besten eine Axt oder ein feststehendes Messer, bei dem keine Mechanik als Schwachpunkt vorhanden ist. Nur im äußersten Notfall kann man einen besonders robusten Outdoor-Folder mit stabiler Arretierung nehmen (siehe Kapitel 6). Ein EDC-Taschenmesser ist dagegen für die normalen, im Alltag vorkommenden Schneidarbeiten gedacht. Auch für Practical Folder gilt, dass man sie bestimmungsgemäß nutzen sollte. Missbräuchliche Verwendung führt über kurz oder lang zu Schäden.

GRUNDSATZFRAGEN

Die Aufgabe, einen Practical Folder zu konstruieren, kann zu den unterschiedlichsten Lösungen führen – die oftmals unvereinbar sind. Neben den elementaren technischen Voraussetzungen – Einhandbedienung, Arretierung und Clip – spielen auch Anforderungen an die Funktion und Vorstellungen zu Erscheinungsbild und Ästhetik eine wichtige Rolle. Diesen Aspekten kann man sich sehr gut durch ein paar grundsätzliche Fragestellungen nähern.

Foto: MM/Oliver Lang

Für brachiale Arbeiten wie Batoning sind selbst sehr robuste Folder wie das *Hunter Pro* von Victorinox nicht wirklich ausgelegt.

Schneidteufel oder „geschärfte Brechstange"?

Es gibt zwei stark gegensätzliche Konzepte zum Einsatzzweck eines Practical Folders. Das eine besagt demnach, dass ein Taschenmesser möglichst alles, auch den allergrößten Missbrauch, aushalten muss. Deswegen sollte es so robust wie möglich sein, auch wenn das zu Lasten der Schneideigenschaften geht. Das andere Konzept betont dagegen, dass ein Practical Folder in erster Linie ein effektives Schneidwerkzeug sein soll.

Die Grenzen sind allerdings fließend: Es gibt in der Messerwelt viele Modelle, die zwischen diesen beiden Anforderungen liegen. Jedoch führen alle beiden

DIE „LÜCKE" - EIN VERMEIDBARES ÄRGERNIS

Die Betrachtung der einzelnen Elemente im Gesamtsystem Messer führt uns zu einem Kritikpunkt, der sich funktional kaum auswirkt, aber für viele Messerfreunde ein großes Ärgernis ist: Im geschlossenen Zustand klafft zwischen Klingenwurzel und Griff eine Lücke. Obwohl sie am häufigsten bei Back-Locks zu sehen ist, findet sie sich auch bei Liner-, Frame- und Axis-Locks. Manchmal ist sie nur klein und fällt erst auf den zweiten Blick auf, manchmal ist sie aber richtig groß und springt sofort ins Auge.
Funktional wirkt sich diese Lücke nur aus, wenn sie so groß ist, dass sich die scharfe Kante der Klingenwurzel im Stoff der Hosentasche verfängt und dort Schäden verursacht. Ästhetisch gesehen ist sie einfach immer und ständig ein Störfaktor. Es scheint manchmal so, also würde die Messer-Industrie bei der Konstruktion nur darauf achten, dass ein Folder im aufgeklappten Zustand gut aussieht. Viele Produktmanager der Hersteller sind sich gar nicht bewusst, dass die Lücke viele Kunden stört.
Es gibt konstruktiv keinen Grund, diese Lücke nicht zu schließen: Man muss dazu noch nicht einmal die Konstruktion von Klingenwurzel, Anschlagstift und Arretierung verändern - in den meisten Fällen reicht es aus, die Außenkontur des Griffs um einen oder zwei Millimeter zu verändern.
Ein schönes Beispiel dafür sehen wir hier an zwei Messern desselben Herstellers: dem *Police* (oben) und dem *Stretch* von Spyderco. Das *Police* ist seit Jahrzehnten ein Dauerbrenner bei Spyderco und auch das *Stretch* erfreut sich seit vielen Jahren großer Nachfrage. Das ***Stretch*** ist etwas kleiner, aber in der Konstruktion sind beide Modelle vergleichbar: Beide haben eine flachgeschliffene Klinge mit dem Spyderco-typischen Daumenloch und einen Back-Lock. Beim *Police* sieht man im geschlossenen Zustand eine deutliche Lücke mit der scharfkantig hervorragenden Klingenwurzel, beim *Stretch* dagegen einen harmonischen Übergang, bei dem die Klingenwurzel vom Griff verdeckt wird. Die Lücke ist also ein Ärgernis, das seitens der Messerhersteller recht einfach vermieden werden könnte.

Messer gleicher Größe, aber mit ganz unterschiedlichen Schneideigenschaften: „Geschärfte Brechstange" (Schrade *SCH301*), robuste Klingengeometrie (Benchmade *Vicar*) und Schneidteufel (Maxace *Balance*).

Konzepte in ihrer reinen Ausprägung zu radikal verschiedenen Messern.

„Geschärfte Brechstange" ist ein Ausdruck der Messer-Community, der das erste Konzept sehr gut umschreibt. Die Vertreter dieses Ansatzes gehen davon aus, dass man ein Taschenmesser auch zu Zwecken benutzt, die eigentlich von anderen Werkzeugen abgedeckt werden sollten: Aufhebeln von Kisten oder Türen, Durchhacken von kleineren Ästen und so weiter. Daher sind Folder dieses Konzepts in der Regel sehr groß, stark und solide konstruiert. Eine Klingenstärke von vier Millimetern wird oft noch deutlich überschritten. Die Klingen sind breit, der Schliff ist nicht fein, sondern robust ausgeführt. Auch Griffe und Achsschrauben sind möglichst groß und massiv gefertigt.

Diesem Konzept wird meist entgegen gehalten, dass ein Taschenmesser in seiner Funktion niemals auch nur annähernd an die Stabilität eines feststehenden Messers oder gar der eines Spezialwerkzeugs wie einer Machete, Axt oder eines Brecheisens heranreichen kann. Insofern wird es als nicht sinnvoll angesehen, ein Messer für Aufgaben zu konstruieren, die es überhaupt nicht richtig erfüllen kann.

Gemäß dem zweiten Konzept kann eine „geschärfte Brechstange" auch die eigentliche Kernaufgabe eines Messers nicht mehr vernünftig erledigen – das Schneiden. Die Klingengeometrie ist dann meist so robust ausgeprägt, dass die Schneideigenschaften darunter leiden – ein Messer ist eben keine Axt. Und wenn das Messer nicht mehr vernünftig

Oben: Messer wie das Buck *Tops CSAR* sind vor allem auf schwere Schneidarbeiten ausgelegt.

Rechte Seite: Von kompakt und leicht bis groß und schwer gibt es diverse Abstufungen (Gerber *Slimsada* • Real Steel *Sea Eagle* • Civivi *Synergy3* • Pohl Force *Force Four* • Timberline *Worden*).

schneidet, ist es als Ausrüstungsgegenstand nicht mehr funktional.

Deshalb tendiert man zu einem Taschenmesser, dessen Klinge zwar groß und stabil sein kann, aber in der Regel eine Geometrie besitzt, die auf gutes Schneiden ausgelegt ist. Natürlich gibt es auch Zwischenstufen: Dazu gehören beispielsweise robust konstruierte Taschenmesser für Jagd und Outdoor, deren Klingengeometrie auf die dabei anfallenden schwereren Schneidarbeiten ausgelegt ist.

Every Day Carry oder Monster-Folder?

Je größer und massiver ein Taschenmesser gebaut ist, desto mehr Missbrauch verkraftet es auch. Es führt aber auch dazu, dass viele dieser Messer zu groß und zu schwer sind, um sie noch komfortabel in der Hosentasche tragen zu können. Sie werden daher meist mit einem Gürtelholster geliefert. Zum Beispiel ziehen Soldaten, die ein Messer im dienstlichen Einsatz an der Uniform oder Ausrüstung tragen, solche großen Modelle oft vor. Einen Folder im Holster am Gürtel zu tragen, kommt allerdings für die meisten zivilen Anwender nicht in Frage – der Sinn des Taschenmessers ist es ja, in der Tasche getragen zu werden. Aber die wenigsten Nutzer wollen einen Klotz in der Hosentasche, der einem durch sein Gewicht fast die Hose auszieht. Ein Taschenmesser, das zu schwer und zu groß ist, als dass man es im Alltag noch bequem tragen könnte, wird dann oft einfach zu Hause gelassen. Und ein Taschenmesser, das man nicht dabei hat, wenn man es braucht, ist nun wirklich komplett sinnlos.

Demzufolge sollte also ein Practical Folder zwar groß und robust, aber gleichzeitig auch möglichst leicht und kompakt genug sein, so dass er noch bequem jeden Tag in der Hosentasche getragen werden kann – eben ein EDC (Every Day Carry). Zudem ist für viele

REAL STEEL
POHL DESIGN
D2
TIMBERLINE

Nicht nur ein kompakter Gentleman Folder (links), sondern auch große Messer können sehr elegant sein (Kansept *Reverie* • Bestech *Starfighter* • WE Knife *601* • Liong Mah *Eraser*).

Nutzer wichtig, dass man nicht gleich sieht, dass sie ein Messer tragen – sie wollen in ihrem gesellschaftlichen Umfeld keinen Anstoß erregen. Deswegen sind viele Practical Folder eher flach gehalten, damit sie in der Hosentasche nicht zu stark auftragen. Die Clips sind häufig so konstruiert, dass das Messer nicht weit aus der Tasche herausragt, sondern möglichst komplett darin verschwindet (Deep Carry Clip).

„Tacticool" oder „Gray Man"?

Neben der Größe sind auch Form und Farbe entscheidend dafür, wie ein Messer auf die Umgebung wirkt. Dabei ist die Formenvielfalt praktisch unendlich. Nach dem Prinzip „knifestyle is lifestyle" ist das Taschenmesser nicht zuletzt eine Frage des persönlichen Geschmacks: Zeige mir dein Messer, und ich sage dir, wer du bist.

Während man viele Feinheiten eines Messers nur auf den zweiten Blick wahrnimmt, sind andere Aspekte offensichtlich: Sehr große Klingen, wilde Formen, starke Recurves oder Wellenschliffe drücken auch für Laien taktische Eigenschaften aus. Auch die Farbe spielt eine Rolle: Eine schwarz beschichtete Klinge und ein tarnfarbener Griff haben die Ausstrahlung des Militärischen und geben einem Messer eher die Anmutung einer Waffe. Auf viele Menschen wirkt der Anblick eines solchen Messers beunruhigend oder gar bedrohlich. Nicht wenige Messerfreunde setzen deshalb auf Modelle, die man nicht nur unauffällig in der Tasche tragen kann, sondern auch dezent aussehen. Die Kunst

Ob das Design eher dezent oder wild und tacticool sein soll, ist eine ganz individuelle Frage (Real Steel *S571 Pro* • WE Knife *Beacon* • WE Knife *Chimera* • CRKT *Apoc*).

TYPISCHE KONSTRUKTIONSFEHLER

Schlecht konstruierte Messer sind deutlich seltener geworden als noch vor wenigen Jahren, aber vor allem in der niedrigen Preisklasse - bei den sprichwörtlichen Billigmarken - kommen sie immer noch recht häufig vor.
Einige Probleme, wie etwa ungünstig geformte oder scharfkantige Griffe, spürt man bereits beim ersten Zupacken - erfahrene Messerbenutzer können so etwas oft schon anhand von Katalogfotos erkennen.
Andere Probleme sind dagegen weniger offensichtlich: Zum Beispiel, wenn in Fernost die Optik eines populären oder coolen Designs kopiert wird, ohne dass man den funktionalen Sinn und Zweck hinter den Designmerkmalen verstanden hätte. Dann erhält man ein Messer, das dem Original zwar ähnlich sieht, sich aber nicht ansatzweise ähnlich handhaben lässt.
Typische Beispiele: Ein Messer, dessen Vorbild in Größe und Form auf Griffschalen aus Titan ausgelegt ist, wird aus Kostengründen aus Stahl gefertigt - was dann natürlich viel zu schwer wird. Oder ein Design wird einfach proportional verkleinert, ohne die Form des Griffs an das veränderte Verhältnis zur Handgröße anzupassen - das Messer liegt dann nicht gut in der Hand.

solcher Designs ist, praktische und taktische Funktion mit unauffälligem Look zu vereinen. Dieses Prinzip wird häufig auch mit dem Schlagwort „Gray Man“ bezeichnet.

Alle Überlegungen zur Wahl des richtigen Messers sind abhängig von der individuellen Lebenssituation: Arbeitet man auf dem Bau, als Handwerker oder im Großraumbüro? Faktoren wie Kleidungsstil und Handgröße spielen eine Rolle, aber auch das persönliche Umfeld. Am wichtigsten dürfte jedoch der individuelle Geschmack des Benutzers sein.

FUNKTIONALE WECHSELWIRKUNGEN

Die große Herausforderung bei Design und Konstruktion eines Taschenmessers besteht darin, die verschiedenen Anforderungen miteinander zu vereinen. Ein Practical Folder soll

- möglichst gut und effektiv schneiden
- möglichst robust, unempfindlich und langlebig sein
- möglichst komfortabel und einfach einhändig zu öffnen und zu schließen sein
- möglichst sicher arretieren
- möglichst rutschfest und komfortabel in der Hand liegen
- möglichst angenehm und leicht zu tragen sein
- möglichst einfach aus der Tasche zu ziehen und wieder einzustecken sein
- und dabei auch noch möglichst gut aussehen

Das alles unter einen Hut zu bringen, hört sich wie die berüchtigte Quadratur des Kreises an – und genau das ist es auch. Um die eine Eigenschaft zu optimieren, muss man Abstriche bei einer anderen Eigenschaft machen. So kann ein Messer selbst bei Einsatz von Titan nicht extrem robust und sehr groß und gleichzeitig auch superleicht und angenehm zu tragen sein. Es müssen bei der Konstruktion also immer Kompromisse eingegangen werden.

Eine funktional stimmige Konstruktion ist eine Wissenschaft für sich. Ein rundum gelungenes Design zu schaffen, das nicht nur wirklich funktional ist, sondern auch gut aussieht, geht noch darüber hinaus. So müssen bei einem Folder wirklich alle Details zueinander passen – ein gutes Taschenmesser ist echte Kunst. Nicht umsonst sind in den letzten 20 Jahren praktisch alle Messerhersteller dazu übergegangen, beliebte Designs bekannter Messermacher in Serie zu produzieren.

Auf den nächsten Seiten beleuchten wir die grundlegenden technischen Elemente jeweils in einem eigenen Kapitel. Trotzdem sollte man immer bedenken, dass ein Taschenmesser ein Gesamtsystem darstellt, in dem die einzelnen Faktoren zusammenwirken. Dem altbekannten Prinzip des Philosophen Aristoteles zufolge ist auch ein Taschenmesser als Ganzes mehr als die bloße Summe seiner Teile.

Ein typisches Beispiel für dieses systemische Denken ist das Verhältnis von Klingen- und Grifflänge. Diese beiden Faktoren hängen direkt voneinander ab.

Fotos: Fox

Zwei Beispiele, wie das gleiche Messer nur durch die Farbe eher Tactical oder Practical wirken kann (Fox *Suru* • Trevor Burger *Sierra Flipper*).

Foto: Sharp by Coop

Der Assisted Opener *Wild Weasel* war das erste in den USA gefertigte Messer von CRKT.

Grundsätzlich sind längere Klingen durchaus wünschenswert. Weil der Griff die eingeklappte Klinge aber sicher umschließen und auch die ganze Mechanik (Achse, Klingenlager, Arretierung und Abstandshalter) unterbringen muss, ist er 20 bis 30 Prozent länger als die Klinge. Wenn der Griff zu groß wird, lässt sich das Messer nicht mehr gut in der Tasche transportieren.

Ist der Griff dagegen zu kurz, liegt das Messer nicht gut in der Hand. Funktional wird die Klingenlänge also durch die Grifflänge bestimmt. Die Kunst besteht darin, ein Messer so zu gestalten, dass das Verhältnis von Klingen- und Grifflänge möglichst günstig ist – das heißt, bei einer definierten Grifflänge das Maximum an Klingenlänge herauszuholen.

Ein zentrales Element im Messeraufbau ist die einhändige Bedienung. Dafür gibt es verschiedene Mechanismen wie Klingenheber und Flipper. Wie gut sie funktionieren, hängt nicht nur von ihrer Konstruktion ab, sondern auch vom Zusammenspiel mit dem Klingengang (sprich: Lagerung der Klinge) und der Arretierung.

Der Flipper etwa ist seit seiner Einführung ein beliebtes Merkmal – aber erst in Kombination mit besonders leichtgängigen, kugelgelagerten Klingen entwickelte er sich zum derzeit markt-

BLICK NACH INNEN

Klinge und Mechanik müssen zusammengeklappt komplett vom Griff umschlossen werden – eine ziemliche Herausforderung für den Konstrukteur.

Fotos: CRKT

beherrschenden System. Und der Frame-Lock fand erst weite Verbreitung, als moderne CNC-Fräsmaschinen immer ausgefeiltere Formen bei Griffen aus Titan oder Stahl ermöglichten.

Der Griff sollte nicht nur rutschfest, sicher und angenehm in der Hand liegen, sondern sich auch gut in der Tasche tragen lassen. Der Clip muss das Messer nicht nur in der Tasche fixieren, er darf auch nicht das Ziehen und Zurückstecken behindern. Zudem muss er so geformt und montiert sein, dass er in der Hand möglichst wenig stört und sich auch nirgendwo verfängt.

Da der Daumen beim Schneiden oftmals auf den Klingenrücken gelegt wird, müssen dieser und der Griffrücken entsprechend geformt sein und ergonomisch passend ineinander übergehen. Und zum Schluss soll ein Taschenmesser sowohl im ausgeklappten als auch im eingeklappten Zustand optisch harmonisch und ästhetisch wirken.

Abgesehen von Back-Lock-Modellen ist bei den meisten Arretierungen ein innerer Anschlagstift für die Klinge nötig. Die ausgeklappte Klinge schlägt an diesem Stopp-Pin an, und die Arretierung verriegelt sie in dieser Position. Bei Flippern liegt aber dieser Stift oft genau im Weg des Klingenfortsatzes, an dem man die Klinge „aufschnippt“. Dafür gibt es drei verschiedene Lösungen.

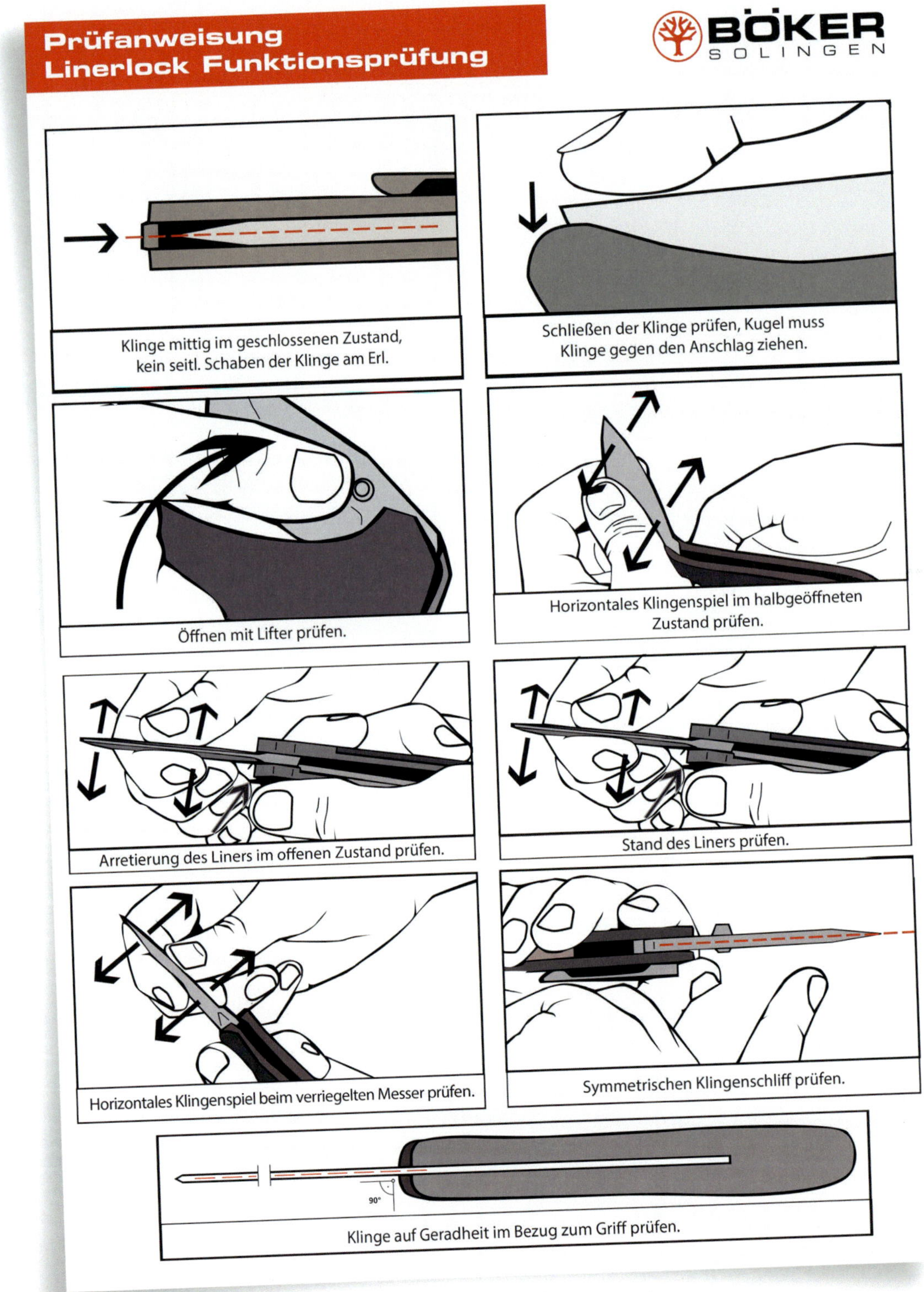

Prüfanweisung für die Qualitätskontrolle bei Böker.

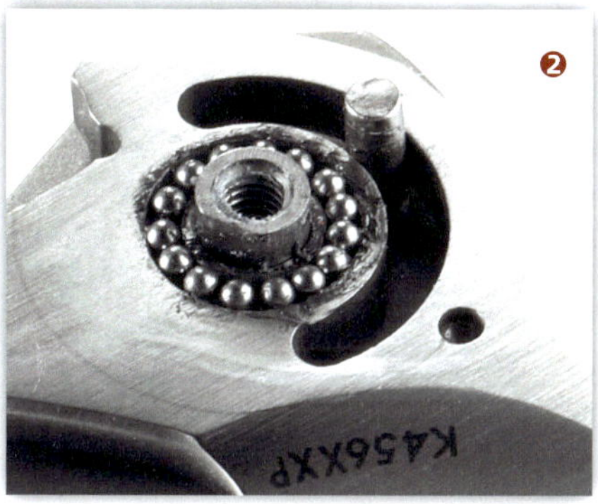

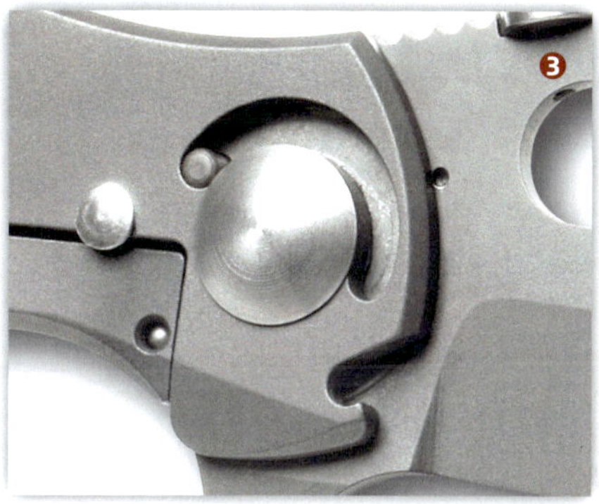

Fotos: CRKT, Surefire

Verschiedene Konstruktionen des Stopp-Pins:
❶ Der Daumenpin bildet einen außenliegenden Anschlagstift (CRKT *Linchpin*).
❷ Der Stopp-Pin läuft in einem Kanal, der in die Klingenwurzel gefräst wurde.
❸ Der Stopp-Pin ist fest in der Klingenwurzel verbaut und läuft in einem Kanal in den Linern.

Bei einigen Designs dienen die Daumenstifte an der Klinge gleichzeitig als Stopp-Pins. Dieses Prinzip wurde durch den Messermacher Butch Vallotton populär. Bei manchen Flipper-Messern, die nach dieser Methode konstruiert sind, haben Daumenstifte auch keine Funktion als Klingenheber mehr, sondern dienen nur noch als Anschlag für die Klinge.

Die zweite Lösung ist deutlich eleganter, aber auch aufwendiger zu fertigen: Der Stopp-Pin wird nahe an die Klingenachse verlagert. Dazu wird ein eigener Kanal in die Klingenwurzel gefräst. Man kann es auch genau andersherum machen: Der Anschlagstift sitzt fest in der Klingenwurzel verankert, seine Führungsrille ist in den Liner gefräst – das nennt man Floating Stop Pin. Solche Konstruktionen werden meist bei Flippern gewählt, die keine Daumenstifte aufweisen.

BEZAHLBARE QUALITÄT

„You get what you pay for" heißt es in Amerika, oder wie man im Rheinland sagt: „Wat nix kost' is' auch nix". Das bedeutet allerdings nicht, dass man für gute Taschenmesser viel bezahlen muss: Mittlerweile sind auch in den unteren Preisklassen die wirklich schlechten Messer selten geworden. Wenn man sich vor dem Kauf sorgfältig informiert,

IKOMA
FOSSIL
CRKT
AVANT-TAC
MKM
VOX

kann man auch für ein kleines Budget ein mehr als brauchbares Messer finden. Nachfolgend finden Sie eine kleine Übersicht der aktuell auf dem Markt angebotenen Qualitätsstufen. Weitere Erklärungen zu Stahlsorten, Griffmaterialien und technischen Details sind in den nächsten Kapiteln zu finden. Die genannten Preisbereiche entsprechen dem Stand zum Drucktermin.

Billigklasse (rund 10 bis 30 Euro)

Diese Messer sind aus günstigen Materialien gefertigt: etwa 420er Stahl, einfaches Holz, FRN und anderer Kunststoff, günstige Aluminium-Legierungen, sowie Gleitscheiben aus Kunststoff oder Teflon. Typische Probleme sind neben ungenauen Schliffen und Fräsungen auch unsauberes Finish, ungenaue Passungen sowie Schrauben aus ungehärtetem Stahl. In dieser Preisklasse findet man leider schlecht konstruierte Messer ebenso wie überraschend gute und sehr funktionale Designs.

Einsteigerklasse (rund 30 bis 50 Euro)

Hier findet man schon bessere Stähle wie 440C und teilweise auch D2. Das hier typische Griffmaterial ist G-10, es werden aber auch Aluminium und Stahl verwendet. Neben Gleitscheiben aus Teflon gibt es häufig schon Kugellager. Die Verarbeitung ist spürbar besser, es zeigen sich aber meist noch kleine Unsauberkeiten. In dieser Preisklasse gibt es oft sehr ordentliche Alltags- und Arbeitsmesser, die jedoch nicht auf

Links: Serienproduktionen von Messermacher-Designs: Ivan Braginets (Real Steel *Lynx*), Flavio Ikoma (CRKT *Fossil*), Lucas Burnley (CRKT *Butte*), Eric Ochs (CRKT *Avant-Tac*), Jens Anso (MKM *Goccia*), Jesper Voxnaes (Böker Plus *Field Folder*).

DAS MESSER ALS KUNSTWERK

Bei handgefertigten Custom Knives erkennen oft auch Laien recht schnell, dass es sich hier um Kunstwerke handelt: Man sieht besonders edle Materialien und Verzierungen wie Gravuren. Sobald diese Verschönerungen wegfallen, ist die besondere Ästhetik eines Messerdesigns allerdings nicht ohne weiteres erkennbar.
Viele Messermacher und -designer schaffen es, einem Messer über die funktionalen Aspekte hinaus einen besonderen Look zu verleihen. Dieser spezielle Look kommt zwar bei manchen Materialien besonders gut zur Geltung, ist aber generell in der Formgebung erkennbar. Manche Designs genießen schon seit Jahrzehnten Kultstatus und sind in der gesamten Community populär und heiß begehrt. Manche Designs erfreuen sich kleiner, aber sehr loyaler Fangemeinden.
Die Designs der bekannten und gefragten Messermacher werden schon seit Jahrzehnten von der Industrie in Serie hergestellt. Die Bandbreite reicht dabei von ganz einfachen Serienumsetzungen in Standard-Qualität über hochwertige Modelle bis hin zu sehr teuren Premium-Messern.
Ob als limitiertes Sondermodell oder ganz normaler Bestandteil des Sortiments: Jedes Jahr bringen die Hersteller neue Designer-Messer auf den Markt.

Foto: Pohl Force/Sebastian Lucke

gehobene Ansprüche ausgelegt sind. Fehlkonstruktionen sind selten.

Untere Mittelklasse (rund 50 bis 120 Euro)

In dieser Preisklasse werden deutlich höherwertige Stahlsorten wie D2, N690 oder 14C28N und manchmal auch günstiger Industrie-Damast geboten. Das Griffmaterial ist meist G-10, aber oft findet man auch Stahl, Micarta oder sogar Carbon. Die Verarbeitung ist im Großen und Ganzen weitgehend fehlerfrei, man findet eventuell noch kleinere Schönheitsmängel. In dieser Preisklasse sind echte Fehlkonstruktionen nur noch sehr selten. In vielen Fällen handelt es sich um Serienversionen der Designs bekannter Messermacher.

Obere Mittelklasse (rund 120 bis 200 Euro)

Die Klingen in dieser Preisklasse sind meist aus hochwertigen und rostbeständigen Stahlsorten wie N690, VG-10 oder 154-CM, manchmal auch aus geschliffenem Damaszenerstahl. Sie laufen auf Bronzescheiben oder Kugellagern. Die Griffe bestehen aus hochwertigen Holzsorten, G-10, Micarta und gelegentlich aus Titan. Die Verarbeitung erfolgt normalerweise fehlerfrei. Meist werden Designs von Messermachern verwendet.

High-End-Bereich (rund 200 bis 300 Euro)

In dieser Preisklasse findet man in der Regel nur noch Klingen aus Pulverstählen wie S35VN oder Damaszenerstahl. Für die Griffe sind Titan, Carbon und Micarta die Materialien der Wahl. Die Titangriffe sind oftmals auch auf den Innenseiten bearbeitet und ausgefräst, Klingen laufen meist auf keramischen Kugellagern. Bei der Verarbeitung sollten keine Schönheitsfehler mehr zu finden sein.

Luxusklasse (ab 300 Euro)

Die Klingen werden aus hochwertigsten Pulverstählen wie M390, Damaszenerstahl oder pulvermetallurgischem Damasteel gefertigt. Die Griffe bestehen aus edlen Carbon-Sorten oder Titan, für einzelne Elemente wird darüber hinaus Titandamast verwendet. Diese Messer sind bis in die kleinsten Toleranzen fehlerfrei und hochwertig verarbeitet.

Linke Seite: Auch bei einem hohen Anteil maschineller Fertigung, wie bei Lion Steel in Maniago, bleibt die Endmontage moderner Folder doch Handarbeit.

Viele Firmen bringen besonders edle Versionen als Limited Edition heraus. Dieses MKM *Arvensis* in Damasteel und Titan kostete über 600 Euro.

Foto: MKM

BLACK ICE
ELITE FORCE
440 SS

Auch Messer unter 50 Euro sind oft erstaunlich funktional und bringen als Alltagswerkzeug wirklich gute Leistungen (Black Ice *Njola II* • Marser *Städter-1* • Cold Steel *Pro Lite* • Ruike *Hussar* • Ontario *RAT-1* • Elite Force *EF 133*).

Foto: CRKT

KAPITEL 4

DER GRIFF: VERBINDUNG VON MENSCH UND MESSER

Hätte man mich als jungen Menschen gefragt, ob bei einem Messer die Klinge oder der Griff wichtiger ist, hätte ich ohne Zögern die Klinge genannt. Mittlerweile habe ich mehr Erfahrungen sammeln können und antworte nun: Nach meiner Einschätzung ist der Griff wichtiger.

Selbstverständlich braucht ein Messer auch eine funktionale Klinge. Aber: Ein Messer ist ein Handwerkszeug. Um es benutzen zu können, muss man es zwangsläufig in der Hand halten. Ein Messer mit stumpfer Klinge ist beim Arbeiten ein echtes Ärgernis – was man aber sehr einfach durch Nachschärfen korrigieren kann.

Ein Messer mit einem schlechten Griff, der sich beim Arbeiten schmerzhaft in die Hand drückt, in der Hand verdreht oder gar komplett aus der Hand herausrutscht, ist dagegen ein deutlich größeres Problem. Ein Griff, der gut in der Hand liegt, ist unverzichtbar – der Griff ist die Verbindung von Mensch und Messer!

„Verstand ist ein zweischneidig' Schwert aus hartem Stahl und blankem Schliff, Charakter ist daran der Griff, und ohne Griff ist's ohne Wert."

- Friedrich von Bodenstedt -

DAS GRIFFDESIGN

Zu Beginn stehen das Design und damit die grundsätzlichen Fragen der Funktion. Der Griff eines Taschenmessers muss wichtige Aufgaben erfüllen:

- er muss sicher – vor allem rutschfest – und beim Arbeiten auch möglichst komfortabel in der Hand liegen
- er muss verhindern, dass die Finger beim Arbeiten auf die Klinge abrutschen können
- er muss sich gut in der Hosentasche tragen, möglichst einfach ziehen und wieder wegstecken lassen

Links: Messermacher wie Ken Onion wissen: Um satt und sicher in der Hand zu liegen, muss der Griff eine ausreichende Größe haben. (CRKT *Homefront*).

Foto: Böker

Dank moderner CNC-Fräsmaschinen kann man heute den Griffen fast beliebige Formen verleihen.

- er muss die Mechanik des Messers beherbergen
- er muss die eingeklappte Klinge sicher umhüllen

Während die letzten beiden Punkte von der Art des Arretierungs-Mechanismus und der Form der Klinge abhängig sind, stellen die ersten drei Punkte eigenständige Designfaktoren dar – die sich oft auch widersprechen. Ein möglichst kleiner, schlanker, flacher und glatter Griff lässt sich zwar gut in der Hosentasche tragen, ziehen und wieder wegstecken, er liegt aber beim Arbeiten weniger gut in der Hand. Es gibt auch besonders ergonomisch geformte Griffe, die den Fingern und der gewölbten Handfläche entgegen kommen. Der Markt bietet beide Extreme, aber idealerweise stellt die Form einen Kompromiss zwischen den verschiedenen Anforderungen Ergonomie und Tragefreundlichkeit dar.

Der Griff eines Taschenmessers umfasst vier Faktoren der funktionalen Gestaltung, die zusammenwirken:

- seitliches Profil
- Stärke (= Durchmesser)
- Wölbung
- Oberflächenstruktur

Es gibt mehrere Methoden, um einem Griff ein ergonomisches Profil zu verleihen. Manchmal reicht es schon aus, eine einzelne Zeigefingermulde einzu-

Schlanke, gerade Griffe lassen sich gut aus der Tasche ziehen und auch wieder einstecken, liegen aber weniger rutschsicher in der Hand (CRKT *Bamboozled*).

arbeiten, um so der Hand mehr Kontrolle für leichte Schneidarbeiten zu bieten. Wenn man kräftiger arbeiten will, muss der gesamte Griff ergonomisch geformt werden. Um sich der Wölbung der Handflächen anzupassen, sind solche Griffe meist auch stärker gekrümmt und haben ein verdicktes Ende. Manchmal ist dieses auch zu einem kleinen Haken ausgeformt, der verhindert, dass die Hand nach hinten abrutscht.

Auch die Griffstärke will überlegt sein. Ein eher schmaler und flacher Griff trägt in der Hosentasche nicht auf, liegt aber nicht gut in der Hand: Je schmaler und flacher, desto mehr Kraft muss man beim Zupacken aufwenden, damit der Griff nicht aus der Hand rutscht.

Bei Messern, die handwerklich hergestellt werden, findet man schon seit jeher gewölbte Messergriffe, die gut zur natürlichen Handwölbung passen. Bei industriell in hohen Stückzahlen gefertigten Modellen war das lange Zeit eher selten. Vor allem wenn Griffmaterialien wie Stahl, Aluminium oder G-10 aus Platten ausgefräst und geschliffen wurden, führte das meist zu sehr flachen Griffschalen. Nur bei gegossenen Griffschalen aus Aluminium oder Kunststoff ließen sich auch andere Formen zu wirtschaftlich sinnvollen Kosten herstellen. Das änderte sich mit der stärkeren Verbreitung von 3D-Fräsmaschinen: Heute findet man auch Titangriffschalen mit gewölbter Oberfläche recht häufig.

IDEAL FÜR MEINE HAND

So wie trotz korrekter Größe nicht jeder Schuh für jede Fußform geeignet ist, passen manchmal auch Messergriffe nicht zu jeder Hand. Bestimmende Faktoren sind hier nicht nur die Handgröße, sondern auch die individuelle Form sowie ganz unterschiedliche Arten, den Griff zu fassen. Idealerweise wird die Form des Griffs genau auf meine Hand und meine persönlichen Vorlieben abgestimmt. So wie bei diesem Messer.

Dieser Folder wurde vom Messermacher Stefan Steigerwald nach meinem eigenen Design gefertigt (www.steigerwald-messer.de). Ausschlaggebend war, dass der Griff aus Carbon sehr flach sein und in der Hosentasche möglichst wenig auftragen sollte. Das seitliche Profil ist an meine Hand genau angepasst. Dabei musste noch berücksichtigt werden, dass die Rückenschneide komplett scharf geschliffen ist. Dieser Teil der Klinge aus RWL-34 muss im eingeklappten Zustand komplett verdeckt werden, damit die scharfe Schneide nicht in der Hosentasche herausragt.

Stefan hat meine Wünsche perfekt umgesetzt. Mittlerweile sind einige Jahre vergangen: Die Messertechnik hat sich weiterentwickelt – und ich fasse Messer inzwischen auch ganz anders an. Und so habe ich schon wieder einige neue Ideen für das „perfekte Taschenmesser". Sobald ich mehr Zeit zum Zeichnen habe, wird bestimmt auch wieder eine Idee in die Tat umgesetzt.

Auch flachen Messergriffen kann man durch Strukturierung eine höhere Rutschfestigkeit verleihen. Klassisch sind eingefräste Rillen an Griffrücken und -unterseite. Griffmaterialien wie G-10 und Micarta kann man durch Sandstrahlen oder mehr oder weniger grobes Schleifen auch eine raue Struktur verleihen. Mit dem Aufkommen moderner 3D-Fräsmaschinen findet man aber auch bei diesen Materialien zunehmend komplexere Oberflächen-Strukturen – auch bei sehr preisgünstigen Messern.

Am Übergang vom Griff zur Klinge sitzt noch ein weiteres, wichtiges Element: Die Daumenauflage ist meist am Klingenrücken platziert und besteht aus einer mehr oder weniger stark geriffelten Partie. Bei vielen Modellen ist diese Auflage als leicht aufwärts führende Rampe gestaltet, so dass der Daumen nicht auf dem eigentlichen Klingenrücken aufliegt. Manchmal ist der Klingenrücken auch mit mehreren Auflageflächen versehen, so dass man den Daumen bei kraftvollen Schneidarbeiten weiter vorne platzieren kann.

Die Griffunterseite ist teilweise so gestaltet, dass man das Messer im sogenannten Vorgriff fassen kann. Dabei wird der Zeigefinger vor dem Griff in eine Mulde am Ricasso der Klinge gelegt. Das ermöglicht mehr Kontrolle bei feineren Schneidarbeiten.

Durch Zeigefingermulden, gekrümmte Griffrücken sowie ergonomisch geschwungenes Profil sorgt man für eine sichere Handlage (CRKT *Remedy* • Böker Plus *Masada* • Zero Tolerance *0630* • Benchmade *Mini Skirmish*).

Moderne CNC-Maschinen können Griffe nicht nur aus flachem Material fräsen (links), sondern ihnen auch einen gewölbten Querschnitt geben.

DIE GRIFFKONSTRUKTION

Bei modernen Taschenmessern kann man drei grundlegende Griffkonstruktionen unterscheiden:

Liner und Griffschalen: Bei den meisten Messern auf dem Markt sind Griffschalen auf rund 1,5 Millimeter starke Liner aus Stahl oder Titan aufgeschraubt.

Selbsttragender Griff: Die Griffschalen werden ohne zusätzliche Liner aus mehreren Millimetern starkem Material gearbeitet. Meist findet man diese Lösung bei Griffschalen aus Aluminium, Stahl oder Titan. Bei Frame-Lock-Modellen werden auch gern zwei verschiedene Materialien kombiniert: Für die rückseitige Schale mit dem Frame-Lock Stahl oder Titan, für die Frontseite Materialien wie G-10 oder Carbon.

Griff aus einem Stück: Selten wird der Griff komplett aus einem massiven Block Titan, Carbon oder G-10 herausgefräst.

Die meist geriffelte Daumenauflage kann sehr unterschiedlich konstruiert und geformt sein.

Messergriffe aus Titan sowie einer Mischung aus Stahl und G-10, die mit 3D-gefrästen Strukturen versehen wurden (Viper *Italo* • Defcon *TD 1001* • Zero Tolerance *0920* • CRKT *Fossil* • Kizer *Dukes*).

Hier sind Klingenbasis und Griff so geformt, dass man den Zeigefinger vor den Griff legen kann (Stedemon *ZKC-D01*).

Bei vielen Konstruktionen besteht die Rückseite samt Frame-Lock aus Stahl oder Titan, die Frontschale aber aus einem anderen Material (CRKT *Tuna*).

Zwei Versionen des Spyderco *Starmate*: Die erste mit selbsttragendem Griff aus G-10, die zweite mit Linern aus Stahl.

In der Funktion hat das nur bedingt Vorteile in Bezug auf die Stabilität, man kann aber so auf viele Schrauben verzichten. Ein Messergriff aus einem Stück ist vor allem Ausdruck einer besonders hochwertigen, aufwendigen Produktion.

Im Gegensatz zu Old-School-Taschenmessern werden moderne Practical Folder meist nicht vernietet, sondern verschraubt. Das hat mehrere Vorteile: Man kann das Taschenmesser zum Reinigen, Pflegen und Justieren sowie für eine eventuelle Reparatur oder zum Tunen zerlegen. Einige Hersteller wollen allerdings nicht, dass der Besitzer an seinem Messer herumschraubt. In solchen Fällen erlischt oft die Garantie.

Die sogenannten Backen sind ein Detail klassischer Taschenmesser, aber auch bei manchem modernen Practical Folder zu sehen. Ursprünglich handelt es sich um Verdickungen von metallenen Griffrahmen, die aus Messing oder Neusilber gegossen sind, oder sie werden auf separate Liner genietet. Diese dienen zu Verstärkung von Kopf- und Endpartie des Griffs – vor allem im Bereich der Klingenachse.

Bei modernen Messern werden vor allem aus ästhetischen Gründen Backen verwendet. Sie sind aus Stahl, Aluminium, Titan oder auch Carbon gearbeitet und verschraubt. Bei einigen Modellen werden die Backen mit dem Liner aus

Foto: Spyderco

Beim Spyderco *Paysan* ist der Griff in einem Stück aus einem massiven Block Titan gefräst.

Unterschiedliche Konstruktionen der Lanyard-Öse.

dem vollen Stahl und Titan herausgearbeitet. Abgesehen von Back-Lock-Modellen und Griffen, die aus einem Stück gearbeitet sind, findet man bei Practical Foldern am Griffrücken zwischen Griffschalen oder Linern einen Abstandshalter, den Backspacer. Er ist oft besonders geformt oder geriffelt, um die Ergonomie und Rutschfestigkeit zu verbessern. Der Backspacer lässt in der Regel einen mehr oder weniger großen Teil des Griffrückens frei, so dass man das Innere des Messers säubern kann, ohne es zerlegen zu müssen. Anstelle eines massiven Backspacers können auch nur zwei bis drei kleine rollenförmige Abstandshalter (Stand-offs) vorhanden sein. Der Griffrücken bleibt hierbei komplett offen, was besonders wartungsfreundlich ist. Zusätzlich wird dadurch auch das Gewicht des Messers reduziert.

Bei den meisten Modellen findet man am hinteren Ende eine Fangriemen-Öse (auch: Lanyard-Öse). Hier kann man einen Riemen befestigen, der als Handschlaufe vor Verlust schützt. Vielfach ist der Riemen auch zu aufwendigen Knoten geknüpft und dient dann als Hilfe zum Ziehen des Messers oder einfach als personalisierte Verzierung. Nicht wenige Nutzer stört jedoch das Loch der

Unterschiedliche Lösungen für Backspacer und Stand-offs.

TORX UND LOCTITE

Bis auf wenige Ausnahmen sind alle modernen Folder mit Torx-Schrauben montiert. In der Regel handelt es sich um die Größen T8 für die Achsenschraube und T6 für die übrigen Schrauben. Wenn man seine Messer nur bei Bedarf warten will, reichen Tools aus dem Messer-Zubehör oder ein einfaches Feinmechaniker-Set normalerweise aus. Es ist meist schon für kleines Geld erhältlich und bietet viele Bits in kleinen Schraubendreher-Größen. Wenn man seine Messer nachjustieren möchte, sollte man ein paar Euro in hochwertige Torx-Schraubendreher investieren. Bei vielen günstigeren Messern haben die Schrauben nur einfache Qualität. Gute Schraubendreher tragen dazu bei, dass die Schraubenköpfe nicht kaputtgedreht werden.

Bei günstigeren Messern wird ab Werk oft reichlich flüssige Schraubensicherung (Loctite) verwendet. Wenn man beim Zerlegen des Messers Widerstand gegen das Lösen der Schrauben spürt, sollte man auf keinen Fall grobe Kraft aufwenden: Die Gefahr, die Schrauben zu zerstören, ist hoch. Stattdessen kann man feste Schraubensicherungen mit Hitze wieder flüssig machen. Dazu wird die Schraube rund drei Minuten lang mit der höchsten Stufe eines Föhns erwärmt.

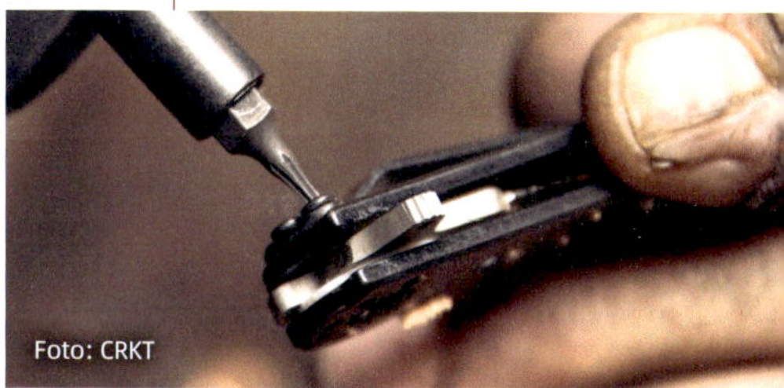

Foto: CRKT

Backen mit Bolster-Lock (WE Knife *Curvaceous* • Ruger *Hollow Point*), klassische Stahlbacken (Spyderco *Schempp Persian*), Designer-Backen aus Carbon (Defcon *Mako*).

Beim WE Knife *910* ist der Griff auf ganz besondere Weise am Rücken verschraubt.

So reduziert man das Gewicht: Links skelettierte Liner und oben auf der Innenseite tief ausgefräste Titanschalen.

Lanyard-Öse ästhetisch, daher findet man häufig auch andere Lösungen. Es ist bei einigen Messern dekorativ in den Backspacer eingearbeitet, oder die Öse ist nach innen verlagert und von außen nicht zu sehen.

Um das Gewicht des Messers zu reduzieren, werden Stahl-Liner oft durchlöchert oder skelettiert gearbeitet. Bei Griffen aus Stahl und Titan gibt es eine weitere Option, um das Gewicht zu verringern: In die Griffschalen werden auf den Innenseiten vertiefte Taschen eingefräst. Das ist ein Zeichen aufwendiger Produktion. Weil das natürlich ein zeit- und maschinenintensiver Arbeitsgang ist, sparen sich viele Hersteller leider diese Mühe – von außen ist ja auch nichts zu sehen.

DIE GRIFFMATERIALIEN

Glasfaserkunststoff / FRN

In den Online-Shops findet man häufig die Abkürzung FRN. Das steht für Fiberglass Reinforced Nylon (glasfaserverstärktes Nylon). Das Ausgangsmaterial ist in der Regel Polyamid, welches sehr fest und widerstandsfähig gegen Chemikalien ist. Durch Beimengung von 0,1 bis 0,5 Millimeter kurzen, extrem dünnen Glasfasern werden sowohl Zugfestigkeit als auch Belastbarkeit des Polyamids deutlich gesteigert. Glasfasern sind alterungs- und witterungsbeständig, chemisch resistent und unbrennbar – und vor allem sehr belastbar.

Einige dieser Glasfaserkunststoffe sind unter eigenen Markennamen

Griffschalen aus gegossenem FRN (SOG *Vision Arc* • CRKT *Ruger Follow Through* • Fox *Predator II* • Cold Steel *Counter Point 1*).

bekannt, zum Beispiel *Zytel* von der Firma Dupont. Benchmade und Cold Steel verwenden häufig *Grivory*, bei dem Polyphthalamid die Basis bildet.

Aus Sicht der Messerhersteller ist der große Vorteil, dass man diese Kunststoffe in Form gießen kann. Deshalb werden sie gern bei preisgünstigen Messern verwendet, die in hohen Stückzahlen produziert werden. Allerdings stehen am Anfang hohe Investitionskosten für die Werkzeuge. Änderungen können auch nicht mehr einfach vorgenommen werden, weil dafür jedes Mal eine neue Spritzgussform nötig ist. FRN ist günstig, stabil und langlebig.

Durch das Gießen lassen sich auch gewölbte Griffschalen preisgünstig produzieren. Der Nachteil aus Sicht des Messernutzers ist, dass FRN je nach Gussform und daraus resultierender Struktur durchaus glatt und rutschig werden kann – und sich auch deutlich nach Kunststoff anfühlt.

G-10

Im Prinzip ist G-10 (oder G10) auch ein Glasfaserkunststoff, er gilt aber in der Messerwelt als eigene Kategorie, weil er im Gegensatz zu FRN nicht gegossen, sondern aus dem vollen Material gefräst und in Form geschliffen wird. G-10 ist ein Laminat aus gewebten Glasfaser-Matten und Epoxidharz.

Wie FRN ist G-10 unempfindlich gegenüber Witterung und Chemikalien, aber es ist durch die Webstruktur der längeren Glasfasern wesentlich dichter

Verschiedenes G-10: schwarz-grün (Ruike *P841-L*), gewölbt geschliffen und glatt poliert (Spyderco *Tropen*), coyote-braun und gestrahlt (Fantoni *HB1*), gestrahlt mit Einfräsungen (Steel Will *Barghest*) und 3D-gefräst (Civivi *Dogma*).

und stabiler. G-10 ist alterungsbeständig, extrem robust und erfordert praktisch keine Pflege. Zudem bietet das Material aufgrund seiner Gewebekonstruktion auch ein besseres Griffgefühl. Der Vorteil für die Industrie ist, dass man G-10 per CNC-Fräsen bearbeiten kann und deshalb auch kleinere Stückzahlen wirtschaftlich produzierbar sind.

G-10 wird normalerweise in Materialstärken von rund drei bis vier Millimetern als Griffschale auf den Linern montiert. Relativ selten findet sich eine Konstruktion mit selbsttragendem G-10 in höheren Materialstärken. Die charakteristische, rutschfeste Oberfläche wird durch Strahlen erzeugt. Ein Strahl aus Sand, Glasperlen oder Korund nimmt das weiche Epoxidharz an der Oberfläche ab, so dass sich die Struktur der Matte abzeichnet. Je nach Webart der Glasfasermatte und Strahlmethode ergeben sich leicht unterschiedliche, griffige Oberflächenstrukturen. Wenn man G-10 schleift und poliert, wirkt die Oberfläche wie poliertes Micarta.

G-10 wird in verschiedenen Farben hergestellt, aber lange Zeit dominierte das klassische Schwarz. Interessante Möglichkeiten ergeben sich aus der Tatsache, dass man G-10 auch in kombinierten Farbtönen produzieren kann. Die unterschiedlichen Lagen sind dann verschieden gefärbt. Gewölbtes und mit ungewöhnlichen Mustern verziertes G-10 wirkt optisch einfach ganz anders als gestrahltes Flachmaterial. Richtig zur Geltung bringt die verschiedenen

Verschiedenes Micarta: Canvas-Micarta (MKM *Goccia* • SteelTac *No. 2* • Fox *Geco*) Jute-Micarta (QSP *Hawk*), Canvas-Micarta mit Carbon-Backen (QSP *Gannet*).

Schichten von mehrfarbigem G-10 erst eine 3D-Fräsung. So erhält man Messergriffe, die eine Kombination aus funktionalen Materialeigenschaften, rutschfester Struktur und toller Optik bieten. Vor wenigen Jahren war 3D-gefrästes G-10 ein Kennzeichen von High-End-Marken wie Zero Tolerance. Seitdem auch viele der chinesischen Hersteller über entsprechende Fräsmaschinen verfügen, ist 3D-gefrästes G-10 auch bei Mittelklasse- und preisgünstigen Messern recht häufig zu finden.

Micarta

Eigentlich ein eingetragener Markenname, steht Micarta für alle Verbundwerkstoffe, die aus mit Kunstharz laminiertem Stoff oder Papier bestehen. Seit den 1960er Jahren wird es für Messergriffe verwendet und lässt sich gut mit Fräs- und Schleifmaschinen bearbeiten. Micarta bietet viele Vorteile: Es ist formstabil, witterungs-, feuchtigkeits- und temperaturbeständig sowie gegen viele Chemikalien resistent.

Da natürliche Materialien die Basis für Micarta bilden, ergibt sich ein warmes, natürliches Griffgefühl, wie man es sonst nur bei Holz findet. Verglichen mit G-10 und Carbon ist die Zugfestigkeit und Witterungsbeständigkeit von Micarta deutlich geringer, aber das Material hat wegen der Haptik, seiner Griffigkeit und auch seiner natürlichen Optik viele Freunde.

Es gibt unzählige Micarta-Varianten. Die Basis bilden saugfähige Natur-

ELFENBEIN-ERSATZSTOFFE

In früheren Zeiten war Elfenbein ein beliebtes Griffmaterial für hochwertige Messer. Die Gier nach dem „weißen Gold" brachte die Elefanten schließlich an den Rand der Ausrottung, so dass der Handel mit Elfenbein verboten wurde. Für handgearbeitete Custom Knives wird seitdem häufiger fossiles Mammut-Elfenbein verwendet, für Practical Folder dagegen ähnlich aussehende Ersatzstoffe.

Elforyn ist eine Mischung aus verschiedenen Mineralien und Kunstharz. Der Werkstoff kann gefräst und geschliffen werden, ist resistent gegenüber Feuchtigkeit und verschiedenen Chemikalien. Die Variante Elforyn Super Tusk ist so aufgebaut, dass sogar die besondere Wuchsmaserung des echten Elfenbeins imitiert wird: die sogenannten Schregerschen Linien, die sich auf der Stirnseite abzeichnen. Elforyn ist farbbeständig, während echtes Elfenbein im Laufe der Jahre leicht vergilbt und dadurch seinen charakteristischen Farbton annimmt. Wer diesen antiken Look schätzt, wählt am besten Antique Ivory Micarta. Dieses ursprünglich cremeweiße Papier-Micarta vergilbt ebenfalls im Laufe der Zeit. Manche Sorten nehmen einen gold gelben Farbton an.

Wie stark dieser Vergilbungseffekt ist, hängt unter anderem von den eingesetzten Papiersorten ab. Hier muss man aufpassen: Normales weißes Papier-Micarta ist nicht dasselbe wie Antique Ivory Micarta, denn es vergilbt nicht.

Handgearbeiteter Folder mit Backen aus Titan und Griffschalen aus Elfenbein-Micarta (Kooperation von André Thorburn und André van Heerden).

materialien, die in verschiedenen Farbtönen eingefärbt werden können. Diese Stoffe werden mit Phenolharz getränkt und in vielen Lagen zu Paketen geschichtet. Das Paket wird gepresst, dann lässt man das Harz aushärten.

Je nach Ausgangsmaterial findet man vor allem vier unterschiedliche Sorten:

- **Leinen-Micarta** wird aus feinen bis mittleren Stoffen hergestellt. Es besitzt eine dezente, aber durchaus griffige Gewebestruktur und ist verhältnismäßig dicht.
- **Canvas-Micarta** wird aus grobem Segeltuch hergestellt. Es besitzt eine sehr ausgeprägte Gewebestruktur und wird vor allem bei Outdoor- und taktischen Messern verwendet.
- **Jute-Micarta** (Burlap Micarta) ist sehr deutlich und eher grob strukturiert. Es ist nicht sehr griffig und besitzt auch

DER RUINIERTE HOLZGRIFF

Verglichen mit modernen Griffmaterialien ist Naturholz ein ziemlich empfindliches Material für Messergriffe. Ich habe auf einer Grillparty einmal ein Taschenmesser mit Griffschalen aus Naturholz – es war das „Ur"-Viper von Tecnocut – an den „Grillchef" ausgeliehen, damit er mal eben die Würstchen-Packungen aufschneiden konnte. Leider legte er dann das Messer, anstatt es zusammenzuklappen und in die Hosentasche zu stecken oder mir einfach direkt zurückzugeben, gedankenlos in einer Bierpfütze ab…
Die Griffschalen hatten sich innerhalb kurzer Zeit vollgesogen, waren aufgequollen und anschließend komplett verzogen. Auch sehr sorgfältiges Trocknen konnte sie nicht mehr retten – das war mir eine Lehre.

Wie die Oberfläche von Micarta optisch und haptisch wirkt, hängt nicht nur vom Ausgangsmaterial, sondern auch von der Art der Bearbeitung ab. Man kann sie in unterschiedlichen Körnungen schleifen, um die gewünschte Griffigkeit zu erreichen. Bei edlen Messern wird Micarta oft glanzpoliert, um eine möglichst feine und dichte Oberfläche zu erhalten. Bei robusten Outdoormessern wird die Oberfläche gerne mit Glasperlen gestrahlt, damit sie möglichst rutschfest wird.

Canvas- und Jute-Micarta sowie gröberes Leinen-Micarta sind je nach Oberflächenbehandlung recht offenporig. Sie sind zwar resistent gegen Feuchtigkeit, nehmen aber welche auf. Dadurch hat man bei schweißtreibender Arbeit ein besonders sicheres und angenehmes Griffgefühl. Mit der Zeit entwickelt sich eine gewisse Patina, es kommt zu leichten Verfärbungen und die Oberfläche wird etwas glatter. Um den ursprünglichen Zustand wiederherzustellen, benutzt man einen rauen Putzschwamm und etwas Spülmittel.

Rechts: Back-Lock-Folder mit 3D-gefrästen Griffschalen aus Bocote-Holz (Pohl Force *Mike Five*).

eine ganz charakteristische Optik, die von vielen Messerfreunden sehr geschätzt wird.

- **Papier-Micarta** besitzt optisch und haptisch die feinste sowie auch dichteste Oberfläche. Es findet vor allem bei den edleren Messern Verwendung. *Richlite* ist eine Variante, die aus verschiedenfarbigen Papieren zusammengeleimt wird und aus diesem Grund ein sehr lebhaftes, attraktives Muster besitzt.

Holz

Einfache Holzsorten kommen vor allem bei günstigen Taschenmessern zum Einsatz, bei hochwertigen Modellen verwendet man edlere Holzarten. Holz ist schön anzuschauen und fasst sich sehr angenehm an. Aber es gibt auch einen gravierenden Nachteil: Das Naturmaterial „arbeitet" und kann sich mit der Zeit verziehen, es ist nicht feuchtigkeits- und witterungsbeständig. Daher wird der Messergriff beim kräftigen

DIVISION
POHL
FORCE

Carbon mit klassischer Webstruktur (Zero Tolerance *0804CF*), Wild Carbon (Real Steel *Sidus*), Marbled Carbon (Fox *40° Anniversary*), Copper Shred Carbon (SteelTac *No. 1*), gewölbt geschliffene Webstruktur (Real Steel *Lynx*).

Arbeiten ganz unweigerlich schwitzenden Händen ausgesetzt. Auch wenn man einen Holzgriff pflegt und regelmäßig ölt, ist er nicht resistent gegen Feuchtigkeit.

Eine funktionale Alternative zu Naturholz ist stabilisiertes Holz. Dabei wird in einem Vakuumverfahren die Luft aus allen Poren des Holzes herausgesaugt, dann wird dünnflüssiges Kunstharz mit hohem Druck bis tief in die Poren hineingepresst. Stabilisiertes Holz bietet die gleiche Maserung wie Naturholz, ist aber wie Kunststoff unempfindlich gegen Feuchtigkeit und Witterung. Es wird vor allem bei edlen, handgemachten Messern eingesetzt. Wenn man sich dennoch für Naturholz entscheidet, sind sehr harte und dichte Hölzer sinnvoll, die nur wenig arbeiten: etwa Wüsteneisenholz, Grenadill oder Ebenholz.

Carbon

Carbon bedeutet Kohlenstoff, aber bei Messergriffen steht der Begriff als vereinfachte Bezeichnung für Kohlenstofffaser-Laminat. Kohlenstofffasern sind deutlich dünner als Glasfasern, aber noch fester und belastbarer. Vor allem die Zugfestigkeit ist extrem hoch. Von allen Griffmaterialien besitzt Carbon das beste Verhältnis von Belastbarkeit und Gewicht: Es ist extrem leicht, gleichzeitig aber auch extrem fest. Carbon ist rund vier Mal so belastbar wie Aluminium und ähnlich zugfest wie Stahl, aber um 80 Prozent leichter. Zudem ist Carbon absolut korrosionsbeständig.

Gegenüber Glasfasern ist Carbon deutlich teurer, sowohl im Materialpreis als auch in der Bearbeitung: Carbon ist für Maschinen und Schleifmittel extrem verschleißend. Zudem ist der Schleifstaub gesundheitsgefährdend. Daher findet man Griffschalen aus Carbon vor allem bei höherpreisigen Messern. Aus Kostengründen wird manchmal auch ein Laminat aus G-10 und Carbon verwendet. Die Innenseite der Griffschale besteht aus G-10, die außen sichtbare aus Carbon.

Für die Herstellung von Carbon-Kunststoff werden wenige Mikrometer dünne Kohlenstofffasern zu sogenannten Filamentgarnen zusammengefasst, aus denen dann Matten gewebt werden. Mehrere Lagen dieser Matten werden anschließend mit Epoxid laminiert. Das erzeugt ein typisches Webmuster, welches nach dem Schleifen gut zu erkennen ist.

Kohlenstofffasern können auch auf andere Weise mit Harz vermischt werden, so dass optisch schönere Effekte entstehen. Besonders beliebt ist beispielsweise das marmoriert wirkende Marbled Carbon. Durch Beimischung zusätzlicher Materialien können so gezielte Effekte erreicht werden: Bei Lightning Strike werden dünne Fäden aus Messing eingewebt, bei Copper Shred kleine Abschabungen von Kupfer. Statt der einfachen, schwarzen Carbon-Sorten werden auf diese Weise mithilfe von farbigem Harz als Bindemittel

Messermacher Kirby Lambert verwendete für diesen Griff Lightning Strike mit Messingfäden und Marbled Carbon.

Foto: Sharp by Coop

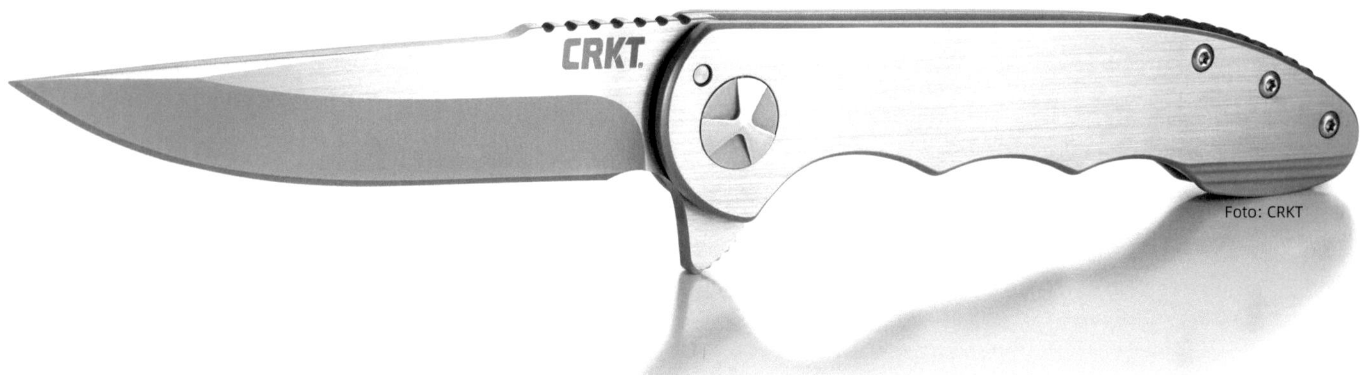

Foto: CRKT

Besonders in der preisgünstigen Klasse sind Griffe aus Stahl weit verbreitet (CRKT *Up and At Em*).

unterschiedliche Effekte erzeugt, zum Beispiel das rot-schwarz marmorierte Red Lava.

Stahl

Griffschalen aus Stahl werden hauptsächlich bei preisgünstigen Frame-Lock-Messern verbaut. Da Schnitthaltigkeit für Griffe keine Rolle spielt, kann man dafür preisgünstige und rostbeständige Stahlsorten verwenden. Weit verbreitet sind zum Beispiel die AISI-Stahlsorten 410 und 420. Stahl ist extrem stabil und unempfindlich gegenüber Witterung und Chemikalien. Zudem lässt er sich maschinell sehr gut verarbeiten. Stahl und auch Titan werden nicht nur anodisiert, sondern erhalten aus optischen Gründen oft auch ein andersartiges Finish – mehr dazu im Kapitel über Stahl.

Stahl hat als Griffmaterial aber auch Nachteile: Er ist im Vergleich zu anderen Materialien sehr schwer. Zudem fühlt sich ein Griff aus Stahl auch sehr kalt an, was sich insbesondere bei niedrigen Temperaturen sehr unangenehm bemerkbar macht. Eines der größten Probleme ist, dass Stahl ziemlich glatt und rutschig ist. Um dem entgegenzuwirken, muss der Messergriff entweder ein besonders ergonomisches Profil aufweisen oder eine rutschfeste Struktur erhalten.

Aluminium

In den 1990er Jahren waren Griffschalen aus Aluminium bei Taschenmessern sehr weit verbreitet, inzwischen sind sie seltener geworden. Einer der größten Vorteile ist, dass Aluminium nur ein Drittel von Stahl wiegt. Im Vergleich zu Stahl ist Aluminium zwar weniger stabil, aber dafür antimagnetisch und rostbeständig. Unbehandelte Aluminium-Legierungen bilden an der Luft eine wenige Nanometer dünne, silbriggraue Oxidschicht, die für zusätzlichen Korrosionsschutz sorgt. Nachteile sind, dass Aluminium deutlich empfindlicher ist als Stahl oder Titan und sich auch wesentlich stärker abnutzt.

In den meisten Online-Shops und Katalogen wird oft nur „Aluminium“ angegeben, es gibt jedoch verschiedene Legierungen in unterschiedlichen Güteklassen. Bei Messern, die in hohen Stückzahlen produziert werden, werden die Griffschalen oft per Druckguss aus

kupferhaltigen Aluminium-Legierungen hergestellt. Diese Methode ist preisgünstig, hat aber den Nachteil, dass es beim Gießen zu kleinen Lufteinschlüssen kommen kann, die natürlich Schwachstellen sind. Die besonders günstigen Legierungen sind im internationalen Sprachgebrauch auch als Light Metal bekannt.

Bei hochwertigeren Messern kommen meist Aluminium-Legierungen mit Magnesium- und Silizium-Anteilen zum Einsatz, die sehr zugfest, widerstandsfähig und korrosionsbeständig sind. Sie lassen sich per Druckguss formen, aber weil sie sich auch sehr gut zerspanen lassen, werden Messergriffe meist aus dem vollen Material gefräst. Die bekannteste dieser AlMgSi-Legierungen wird auch als Anticorodal bezeichnet. Eine andere Legierung ist das sogenannte gehärtete Aluminium (6061 T-6), umgangssprachlich auch als Flugzeug-Aluminium bezeichnet. Sie enthält zusätzlich zu Silizium rund 0,7 Prozent Eisen sowie bis zu 1,2 Prozent Mangan und wird wärmebehandelt. Für den Messerkäufer ist leider meist nicht ersichtlich, welche Legierung bei einem bestimmten Modell verwendet wurde. Zwar ist

Verschiedene Folder mit Aluminiumgriffen (Leatherman *Free K4* • CRKT *Sampa* • Buck *Marksman* • Böker Plus *Warbird*).

dieses Wissen oft nur wenig praxisrelevant, aber man sollte sich doch bewusst sein, dass es bei Aluminiumgriffen teilweise deutliche Qualitätsunterschiede gibt.

Die Oberflächen dieser gefrästen Aluminiumlegierungen werden in der Regel anodisiert. Durch die anodische Oxidation erhalten sie eine farbige Schutzschicht. Dieses Verfahren wird häufig auch Eloxieren (Elektrolytisches Oxidieren) genannt.

Im Gegensatz zur galvanischen Beschichtung werden hier die obersten Mikrometer des Metalls in ein korrosionsfestes und abriebbeständiges Oxid umgewandelt. Besonders verschleißfest und korrosionsbeständig wird die Oberfläche beim sogenannten Hartanodisieren, bei dem eine rund doppelt so starke Oxidschicht wie beim normalen Eloxieren erzeugt wird.

Titan

Bei teuren Messern werden Griffschalen häufig aus Titan gefertigt. Mittels moderner, CNC-gesteuerter 3D-Fräsmaschinen produzierte Messergriffe aus Titan sind in allen möglichen Formen und für jeden Geschmack herstellbar, auch lässt es sich in verschiedenen Farben anodisieren. In diesem Material vereinen sich die positiven Eigenschaften von Stahl und Aluminium, weshalb Titan vor allem bei hochwertigen Frame-Lock-Foldern das Material der Wahl ist.

Verglichen mit Aluminium ist Titan um mehr als die Hälfte schwerer, aber doppelt so stark und belastbar. Verglichen mit Stahl ist Titan gut 40 Prozent leichter, dabei aber ähnlich fest. Titan ist antimagnetisch, antiallergisch und absolut rostbeständig.

Ähnlich wie bei Aluminium bildet sich auf der Titanoberfläche durch Kon-

GLASBRECHER

Glasbrecher sind dazu gedacht, bei Unfällen Sicherheitsglas von Kfz-Scheiben zu zerschlagen. Dieses am Griffende montierte Detail war ursprünglich nur an Rettungsmessern für Feuerwehr und THW oder an taktischen Messern fürs Militär zu finden. Mittlerweile sieht man es aber auch an zivilen Foldern - ein Unfall kann schließlich jederzeit passieren.
Bei günstigeren Messern bestehen Glasbrecher meist aus gehärtetem Stahl - und sind dadurch leider oft wirkungslos: An Sicherheitsglas werden diese in der Regel plattgedrückt. Funktionierende Glasbrecher sind spitze Kegel aus Wolframkarbid (Foto). Alternativ wird dafür auch extrem harte Nanokeramik verwendet.

takt mit Sauerstoff eine schützende Oxidschicht. Aufgrund einer wesentlich geringeren Wärmeleitfähigkeit fühlt sich Titan nicht metallisch kalt, sondern „wärmer" als Aluminium oder gar Stahl an. Nachteile von Titan sind der Materialpreis und höhere Verarbeitungskosten: Wie Carbon führt auch Titan zu einem hohen Werkzeugverschleiß.

Für einen Messergriff könnte man recht weiches Reintitan („Grade 2" nach US-System) verwenden. Ein zuverlässig funktionierender Frame-Lock benötigt jedoch eine härtere Legierung. Dafür wird oft die sehr harte, korrosionsbeständige Legierung Ti-6Al4V („Grade 5" nach US-System) mit rund sechs Prozent Aluminium und rund vier Prozent Vanadium verwendet, im deutschen Sprachraum auch als federhartes Titan bezeichnet.

Eine Sonderform ist der sehr teure Titandamast. Zwei verschiedene, farbig anodisierte Titansorten werden per Spezialverfahren miteinander verschweißt. Das dabei entstehende bunte Muster ähnelt dem bekannten Damaszenerstahl (siehe Kapitel 10). Die funktionalen Eigenschaften sind die gleichen wie bei normalem Titan. Häufig wird die Sorte *Timascus* verwendet, Name und Herstellungsverfahren sind patentiert.

Für die Klinge des *Shamwari* verwendeten die Messermacher Gareth und Jason Bull Damasteel, für die Griffschalen *Timascus*.

Titangriffe bei hochpreisigen Messern: 3D-gefräst (QSP *Woodpecker* • Böker Plus *Stingray*), 3D-gefräst und farbig anodisiert (Zero Tolerance *0606CF*), und mit Carbon-Einlagen (Reate *K-3*).

Foto: CRKT

KAPITEL 5

SCHNEIDIGE FORMEN: DIE KLINGEN

Die Hauptaufgabe eines Messers ist das Schneiden, und genau dafür muss die Klinge optimiert werden. Aber was heißt das? Welche Klinge schneidet gut, und warum? Und wo liegen die Grenzen der Optimierung? Versuchen wir, die Wissenschaft der Klingenformen und -geometrien gut verständlich darzustellen.

„Eine scharfe Zunge ist das einzige Schneidwerkzeug, das bei andauerndem Gebrauch schärfer wird."

- Washington Irving -

DIE KLINGENFORMEN

Der Begriff Klingenform bezieht sich auf die Kontur der Klinge, wenn man sie von der Seite betrachtet. Hier findet man bei Practical Foldern – genauso wie bei anderen Messern – verschiedene Grundtypen, die zahlreiche Varianten und Mischformen aufweisen.

Drop Point

Hier senkt sich der Klingenrücken ganz leicht zur Spitze ab, welche meist im oberen Drittel der Klingenhöhe liegt. Die Schneide ist mehr oder weniger bauchig geformt. Trotz ausgeprägter Schneideigenschaften bleibt die Spitze robust und stabil. Die vielen Varianten des Drop Points sind gewissermaßen die eierlegende Wollmilchsau unter den Klingenformen. Keine andere lässt sich so vielseitig und universell verwenden.

Spear Point

Die Klinge ähnelt dem Drop Point, aber die Spitze liegt hier fast auf der Mittellinie. Sehr oft findet sich beim Spear Point eine mehr oder weniger ausgeprägte Rückenschneide.

Clip Point

Auch Bowie-Klinge oder Hecht-Klinge genannt. Der Klingenrücken fällt zur Spitze entweder gerade oder in einer konkaven Kurve ab. Teilweise ist die

Linke Seite: Klingengeometrie (= Querschnitt) und Klingenform (= seitliches Profil) sind für die Performance entscheidend (CRKT *M40*).

DIE TEILE DER KLINGE

❶ **Rückenschneide (falsche Schneide):** ein Teil des Klingenrückens ist oft angeschliffen

❷ **Rücken**

❸ **Klingenspiegel:** der ungeschliffene Bereich unterhalb des Rückens

❹ **Ricasso (Fehlschärfe):** die ungeschliffene Klingenbasis

❺ **Schleifkerbe:** kleine Einbuchtung am Beginn der Schneide, die das Schärfen mit Banksteinen erleichtert

❻ **Schneide (Schneidfase)**

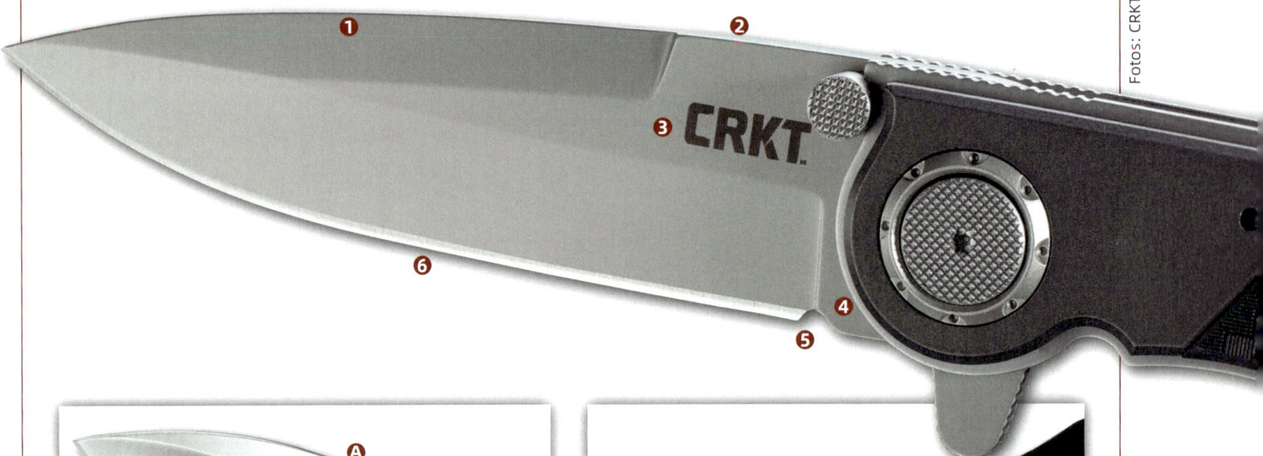

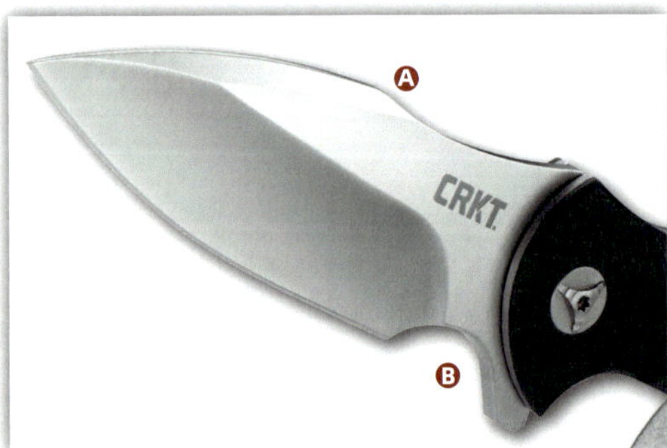

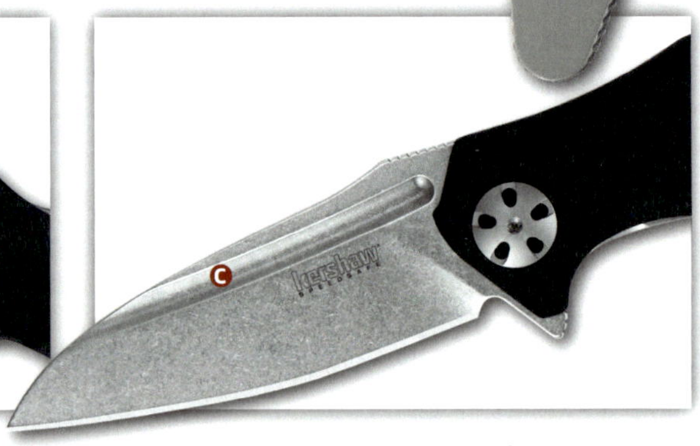

Fotos: CRKT, Kershaw

Ⓐ **Harpune:** Bei einigen Modellen ist der vordere Bereich der Klinge verbreitert. Diese Verbreiterung fällt dann in einer mehr oder weniger starken Abstufung zum Klingenrücken ab, was optisch dem Widerhaken einer Harpune ähnelt. Die Abstufung bildet ein Widerlager, wenn Zeigefinger oder Daumen auf den Klingenrücken gepresst werden, um mehr Kraft auszuüben.

Ⓑ **Ricasso mit Fingermulde:** Die Mulde ist dazu gedacht, den Zeigefinger hineinzulegen. Dieser spezielle „Vorgriff" (siehe Seite 72) ermöglicht mehr Kontrolle und größeren Krafteinsatz.

Ⓒ **Hohlkehle:** Dieses Element wurde von historischen Schwertern übernommen, bei denen es vor allem zur Gewichtsreduktion gedacht war. Bei Taschenmessern spielt das keine große Rolle. Die Hohlkehle hat hier keine echte Funktion mehr, sondern ist vor allem ein Designelement.

Klinge mit einer geschärften Rückenschneide versehen. Clip Points verfügen über sehr ausgeprägte Spitzen, die sich präzise einsetzen lassen. Manchmal sind die Spitzen allerdings auch relativ empfindlich.

Tanto

Bei der klassischen japanischen Messerform liegt die Spitze fast auf einer Höhe mit dem Rücken. Die Klinge verjüngt sich weder in der Breite noch in der Stärke sonderlich, um dann recht abrupt zur Spitze zusammenzulaufen. Beim Tanto ist die Klinge selbst, aber vor allem auch die Spitze sehr stabil. Diese Form wird gern verwendet, wenn das Messer möglichst viel aushalten soll.

American Tanto

Bei dieser Variante verläuft die Schneide nicht in einer Kurve zur Spitze, sondern ist kantig abgesetzt und läuft dann komplett oder nahezu gerade bis zur Spitze. Bei American Tantos findet man häufig eine Kombination von Flachschliff an der Spitze und Hohlschliff an der Schneide.

Reverse Tanto/K-Tip

Diese Form wurde durch den Messermacher Warren Osborne als Reverse Tanto bekannt, weil sie wie ein auf den Kopf gestelltes American Tanto aussieht. Diese Form wird auch als K-Tip bezeichnet. „K“ steht hier für Kiritsuke: Die Klingenspitze ist wie bei diesen japanischen Kochmessern geformt. K-Tips sind sehr vielseitig, sie ermöglichen akkurate und feine Schnitte.

Drop Point

Spear Point

Clip Point

Tanto

American Tanto

Reverse Tanto/K-Tip

Fotos: Bestech, Cold Steel, CRKT, Spyderco

Bei manchen Modellen lässt sich die Klingenform nicht eindeutig in eine Systematik einordnen. Beim Spyderco *Tropen* im Design von Messermacher Javier Vogt stellt sie eine ziemlich wilde Mischung dar.

Wharncliffe

Diese Form geht auf den britischen Adeligen Lord Wharncliffe zurück, der sie im 19. Jahrhundert erfunden haben soll. Wir sehen eine gerade verlaufende Schneide. Der Rücken fällt gerade oder konvex zu einer ausgeprägten Spitze ab, die genau auf Höhe der Schneide liegt. Der Vorteil ist, dass die Schneide immer gleich auf dem Schnittgut aufliegt und man sehr kraftvolle Schnitte ausführen kann.

Sheepfoot

Mit der weitgehend geraden Schneide ähnelt diese Form der Wharncliffe-Klinge, aber die Spitze ist hier stumpf und gerundet und damit nur sehr begrenzt benutzbar. Sheepfoot-Klingen findet man oft bei Rettungsmessern: Dadurch wird die Gefahr verringert, Unfallopfer beim Freischneiden aus Gurten zu verletzen.

Persian

Diese Form ist von orientalischen Klingen abgeleitet. Die Schneide verläuft stark bauchig nach oben. Die Schneidwirkung ist hoch, aber die extreme Form ist nicht vielseitig nutzbar.

Hawkbill/Karambit

Hawkbill-Klingen sind mehr oder weniger stark gekrümmt, mit einwärts gewölbter Schneide, was einen sehr effektiven Schnitt mit hoher Kraftübertragung ermöglicht. Sie lassen sich sehr gut einsetzen, wenn man etwas ohne Unterlage schneiden muss, zum Beispiel Seile. Hawkbill-Klingen sind sowohl bei

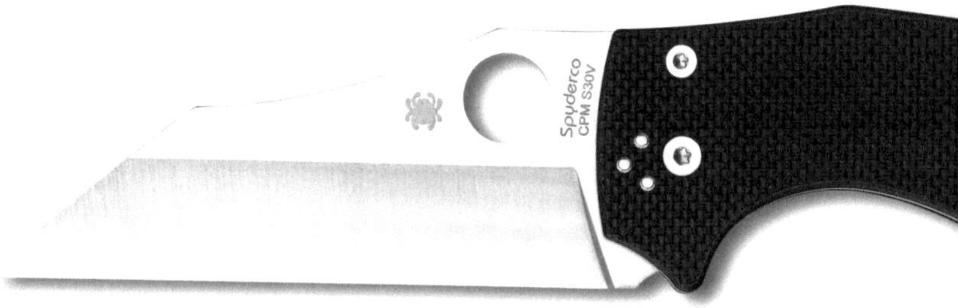

Wharncliffe

Sheepfoot

Persian

Hawkbill/
Karambit

Fotos: Bestech, Cold Steel, Spyderco

Dolch

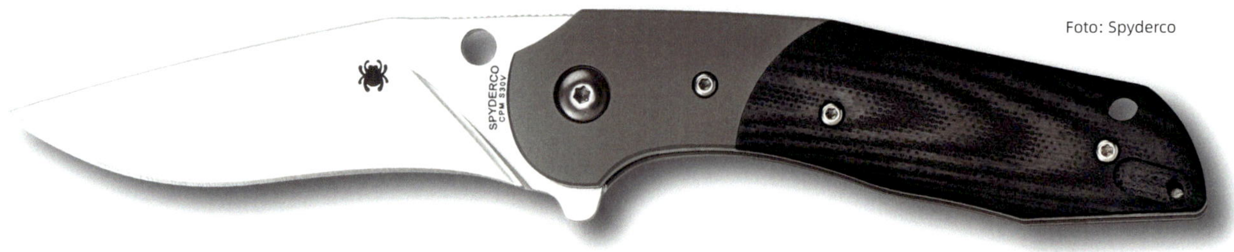

Foto: Spyderco

Der Recurve ist eine mehr oder weniger starke S-förmige Krümmung der Schneide (Spyderco *Hanan*).

Rettungsmessern als auch bei Messern zur Selbstverteidigung (Karambits) verbreitet. Im normalen Alltag sind sie nur begrenzt einsetzbar.

Dolch

Diese Form ist symmetrisch und mittelspitz, der Klingenrücken ist über die ganze Länge komplett geschärft oder zumindest stark angeschliffen. Dolchförmige Klingen sind vor allem als Waffe gedacht.

Von Recurve spricht man, wenn die Schneide leicht S-förmig verläuft. Abgesehen von der eleganten Optik, verlängert ein Recurve die Schneidenlänge im Verhältnis zur Klingenlänge. Der Nachteil ist, dass sich Recurves nur schlecht mit normalen Schleifsteinen schärfen lassen. Recurve-Schneiden finden sich bei allen vorgestellten Klingenformen. Deshalb stellt eine Recurve-Schneide keine eigenständige Klingenform dar.

BEZEICHNUNGEN

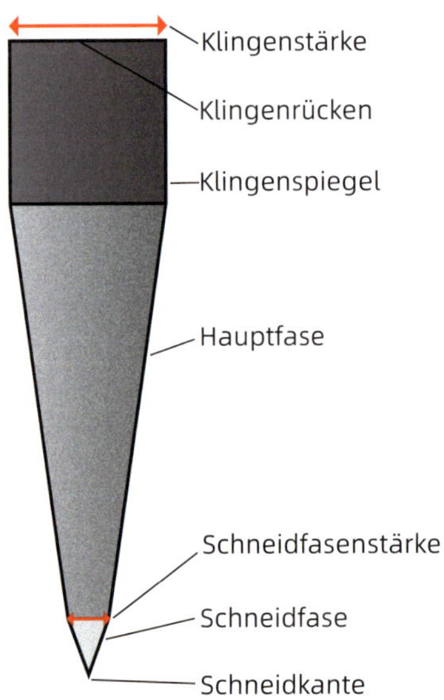

DIE KLINGENGEOMETRIE

Damit man eine Klinge beurteilen kann, muss man erst verstehen, was genau beim Schneiden passiert. An dieser Stelle wird es leider etwas theoretisch-physikalisch. Der wichtigste Faktor für die Schneideigenschaft ist der Schneidenwinkel (= Keilwinkel). Vereinfacht stellen wir uns die Klinge im Querschnitt als Dreieck vor. Je spitzwinkliger das Dreieck, desto schärfer ist die Klinge. Theoretisch muss eine Messerklinge also möglichst dünn sein, um gut zu schneiden. Je dünner die Klinge, desto geringer ist aber auch die seitliche Belastbarkeit. Daher muss man einen Kompromiss schließen.

AUF NULL GESCHLIFFEN

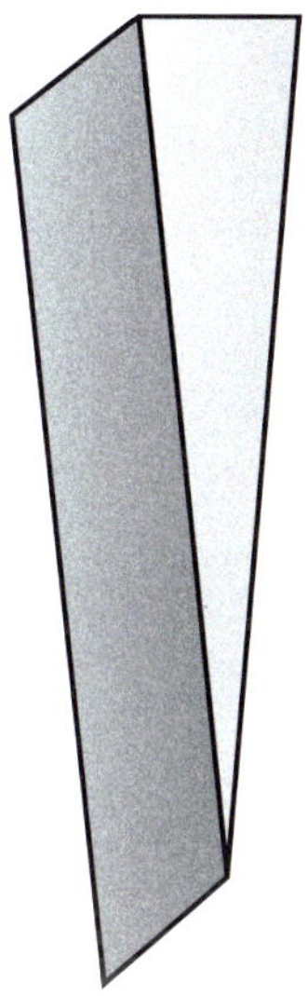

Die Klinge ist ohne zweite Fase bis zur Schneidkante geschliffen.

Das Ziel bei der Gestaltung einer Messerklinge besteht darin, ihr einen stabilen Querschnitt mit guten Schneideigenschaften zu geben. Diesen Querschnitt nennt man Klingengeometrie. Damit wir darüber sprechen können, sind zuerst noch einige Fachbegriffe zu erklären:

- Klingenspiegel: der ungeschliffene Bereich unterhalb des Rückens
- Hauptfase (Anschliff): der Teil der Klinge, der an die Schneidfase anschließt
- Schneidfasenstärke: die maximale Stärke der Schneidfase am Übergang zur Hauptfase
- Schneidfase (Schneide): der richtig scharf geschliffene Teil der Klinge
- Schneidkante: die äußerste Kante

Bei zahlreichen handgearbeiteten Messern findet man eine besonders schneidfreudige Klingengeometrie ohne zweite Fase. Eine solche Klinge ist auf Null geschliffen, wie der Fachmann sagt. Handelsübliche Messer aus Serienproduktion sind dagegen meistens mit Haupt- und Schneidfase geschliffen. Das ist nicht nur deutlich einfacher zu produzieren, sondern auch einfacher nachzuschärfen.

Eine Klingengeometrie mit guten Schneideigenschaften ergibt sich durch die richtige Verjüngung der Klingengeometrie. Das ist ein Zusammenspiel verschiedener Faktoren, die in Wechselwirkung zueinander stehen:

Klingenstärke (= Dicke des Rückens)	↔	Winkel der Hauptfase
Schneidfasen stärke	↔	Winkel der Schneidfase
Höhe der Schneidfase		

Bei der Klingenstärke kommt es darauf an, ob man eher auf gute Schneideigenschaften oder möglichst viel Stabilität Wert legt. Und von der Klingenstärke hängt unter anderem stark ab, ob man die Hauptfase in einem schneidfreudigen Winkel schleifen kann. Während klassische Designs wie das Schweizer Taschenmesser auf dünnere Klingenstärken von 2,5 Millimetern setzen, wurden im Laufe der Jahre beim Practical Folder vier Millimeter zum gängigen Standard – einige Hersteller gehen sogar noch darüber hinaus. Ein Wert zwischen 3,0 und 3,5

Drei Messer mit unterschiedlichen Klingenstärken (4,0, 3,5 und 3,0 Millimeter) und unterschiedlichen Schneideigenschaften.

Millimetern reicht in der Regel aus, um einer Klinge die nötige Stabilität zu bieten. Bei dieser Stärke kann man auch noch sehr gute Schneideigenschaften erzielen.

Noch wichtiger als die Klingenstärke ist die Schneidfasenstärke. Das ist die Dicke der Schneidfase am Übergang zur Hauptfase. Sie wird auch als Schneidendicke oder Ausschliffstärke bezeichnet, englisch als „behind the edge thickness". Das Zusammenspiel des Winkels der Hauptfase, der Schneidfasenstärke und des Schneidenwinkels ist die Verjüngung. Ist die Schneidfasenstärke zu hoch und der Winkel der Schneidfase zu groß, haben wir eine schlechte Verjüngung: Am Übergang der Fasen bilden sich deutlich spürbare Schultern, wie sie die Messermacher nennen. Für Taschenmesser gilt die Faustregel, dass die Schneidfasenstärke nicht größer als 0,5 bis 0,6 Millimeter sein sollte.

Leider schaffen es auch renommierte Marken-Hersteller nicht immer, eine schneidfreudige Klingengeometrie zu fertigen, so dass man auf dem Markt

WAS DIE WINKEL BEDEUTEN

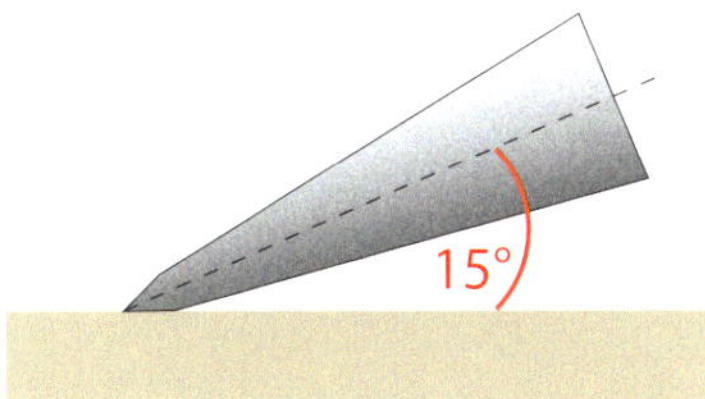

Der Schliffwinkel ist immer der halbe Schneidenwinkel. Für einen Schneidenwinkel von 30° schleifen wir mit 15° auf beiden Seiten.

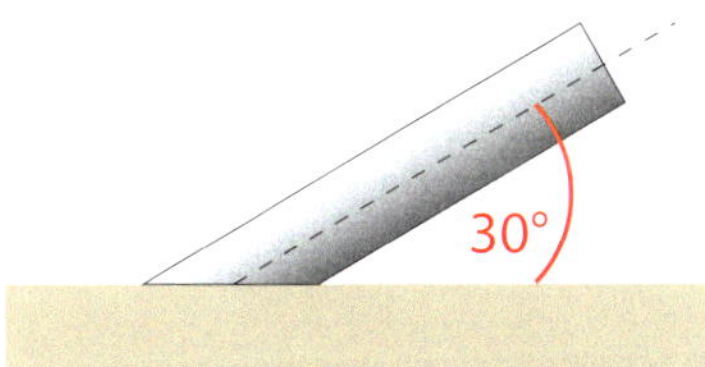

Beim einseitigen Chisel Grind entspricht der Schliffwinkel dem Schneidenwinkel.

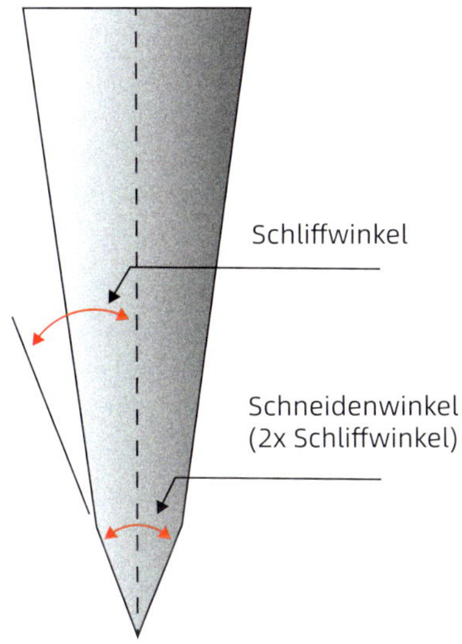

Die Klinge in der Frontalansicht: Bei einer symmetrisch geschliffenen Klinge setzt sich der Schneidenwinkel aus beiden Schliffwinkeln zusammen.

Grafik: Peter Fronteddu/Messer schärfen

Messer mit ganz unterschiedlichen Schneideigenschaften findet. Wenn die genannten Faktoren nicht stimmen, kann die Schneidfase zwar scharf abgezogen sein und auch sauber durch Papier schneiden, aber die gesamten Schneideigenschaften bleiben dennoch mittelmäßig. Die Grafik auf der nächsten Seite zeigt drei unterschiedliche Verjüngungen, von denen nur eine wirklich gute Leistungen bringt.

Die Schneidfasenstärke lässt sich nur mit einem Messschieber richtig messen. Nun hat natürlich nicht jeder Messerfreund ein solches Messwerkzeug im Haus. Zudem ist das exakte Messen der Schneidfasenstärke auch nicht einfach. Mit einem kleinen Trick kann man jedoch einen guten Eindruck von der Klingengeometrie gewinnen: Man nimmt die Klinge im Bereich des Klingenspiegels zwischen Daumen und Zeigefinger. Bei leichtem Druck der Finger wird die Klinge leicht diagonal zur Schneidkante aus den Fingern herausgezogen.

Das wiederholt man zwei, drei Mal. So erhält man einen guten Eindruck

KLINGENGEOMETRIEN IM VERGLEICH

Die Eigenschaften einer Klinge hängen vom Zusammenwirken der Schliffwinkel von Haupt- und Schneidfase sowie von der Schneidfasenstärke ab. Im Beispiel ist eine Klinge bei gleicher Stärke von 4,0 Millimetern und 2,5 Zentimetern Höhe vom Rücken bis zum Beginn der Schneidfase in drei verschiedenen Geometrien geschliffen.

Sehr robuste Klingengeometrie (links): Die Hauptfase läuft zu einer Schneidfasenstärke von 0,8 Millimetern aus, die Schneidfase ist im 50-Grad-Winkel geschliffen. Durch den abrupten Übergang einer hohen Scheidfasenstärke zu einem großen Winkel werden ausgeprägte Schultern gebildet. Mit diesen Werten ergeben sich sehr robuste Schneiden, aber keine guten Schneideigenschaften.

Moderate Klingengeometrie (Mitte): Die Hauptfase läuft zu einer Schneidfasenstärke von 0,5 Millimetern aus, die anschließende Schneidfase ist im 40-Grad-Winkel geschliffen. Die Schultern sind zwar spürbar, aber moderat. Bei ausreichender Stabilität sind die Schneideigenschaften sehr ordentlich.

Schneidfreudige Klingengeometrie (rechts): Die Hauptfase läuft zu einer Schneidfasenstärke von nur 0,3 Millimetern aus, die anschließende Schneidfase ist im spitzen 30-Grad-Winkel geschliffen. Zwischen den Fasen gibt es einen sanften Übergang ohne spürbare Schultern. Die Schneideigenschaften sind gut bis sehr gut. Dafür ist die Stabilität der Schneide bei seitlichen Belastungen nicht sehr hoch.

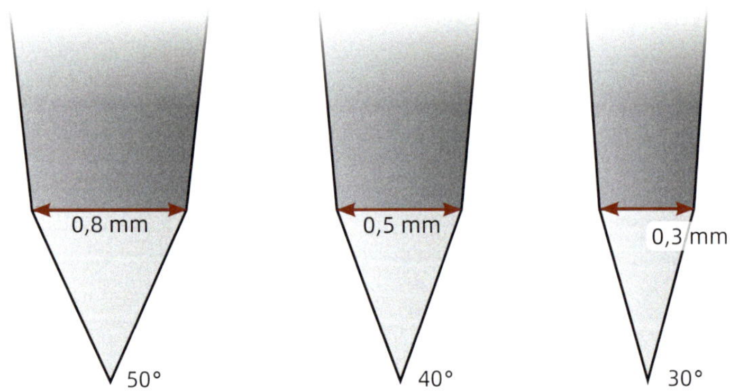

davon, ob es eine schöne Verjüngung mit sanftem Übergang zwischen den Schneidfasen gibt, oder ob die Schneidfasenstärke sehr hoch ist und deutliche Schultern spürbar sind. Wer sich am Anfang noch unsicher ist, zieht zum Vergleich ein dünn ausgeschliffenes Schälmesser aus der Küche heran: Hier findet man in der Regel eine sehr schneidfreudige Klingengeometrie mit extremer Verjüngung, geringer Schneidfasenstärke und sanftem Übergang zur Schneidfase.

Damit die Klinge gut schneidet, muss sie scharf sein. Wenn ein Messer stumpf ist, ist die Schneidkante durch Abnutzung mehr oder weniger stark abgerundet. Zum Schärfen wird die Schneidfase geschliffen, bis sie wieder auf eine spitze Schneidkante zuläuft.

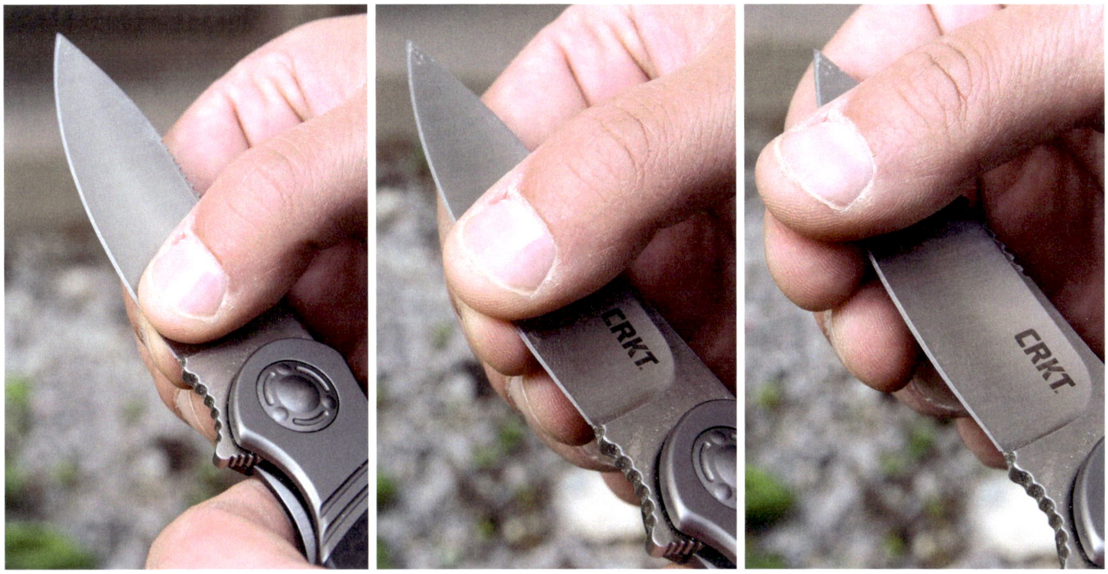

Die Verjüngung der Klingengeometrie sowie die Ausprägung der Schultern lassen sich zwischen Daumen und Zeigefinger erfühlen.

WIRKUNG DER MESSERSCHÄRFE

Eine Frage der Dicke: Je schmaler die Schneidkante ist, desto weniger Kraft ist nötig, um die Fasern des Schneidguts zu trennen.

Eine scharf geschliffene, sauber polierte Schneidkante schneidet auch ein frei gehaltenes Blatt Papier.

Bei sehr starkem Gebrauch sowie regelmäßigem Schärfen entsteht an der Schneidfase ein spürbarer Materialabtrag. Da die Schneidfase dadurch weiter herauf wandert, werden sowohl die Schneidfasenstärke immer größer als auch die Schultern breiter. Die Klingengeometrie verschlechtert sich. Daher muss man die Schneidfase in einem leicht spitzeren Winkel schleifen, um das auszugleichen. Aus seitlicher Ansicht wird dadurch die Schneidfase breiter. Irgendwann reicht auch das nicht mehr aus, und man kommt nicht umhin, auch die Hauptfase neu zu schleifen. Bis es dazu kommt, ist allerdings starke Abnutzung nötig, wie sie eigentlich nur bei täglich intensiv gebrauchten Arbeitsmessern auftritt.

Wenn man bei einem fabrikneuen Messer mit dem Daumennagel über die Schneide fährt, fühlt man manchmal eine ganz leicht raue Schneidkante, obwohl die Klinge scharf ist und auch gut schneidet. Hier handelt es sich um eine Mikrozahnung, die entsteht, wenn die Schneidfase zwar geschliffen, aber hinterher nicht poliert wurde. Das Schnittbild ist leicht unsauber, was sich aber bei normalen Schneidarbeiten nicht bemerkbar macht. Spürt man dagegen ab Werk sehr raue Stellen oder Unebenheiten auf der Schneidfase oder -kante, ist das ein Verarbeitungsfehler. Bei hochwertigen Messern ist die Schneidfase poliert und scharf – das ergibt einen sauberen, wirklich glatten Schnitt.

SCHÄRFEN

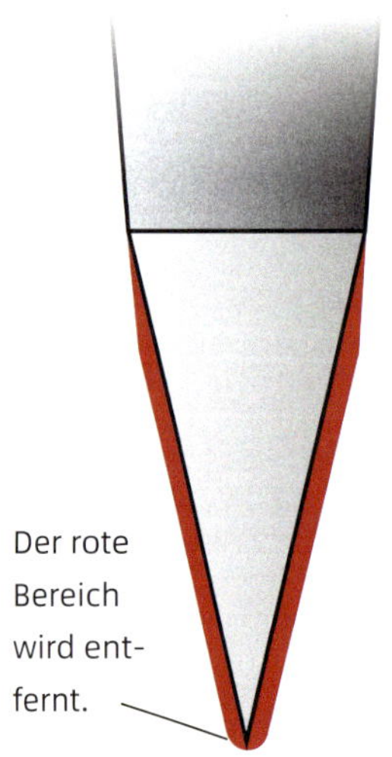

Durch Schleifen der Seitenflächen wird die runde Schneidkante wieder spitz und scharf.

WELLENSCHLIFF UND ZAHNUNG

Foto: Buck

Viele Messer besitzen einen Wellenschliff über die Hälfte der Klinge.

Der Wellenschliff ist etwas, das man schon lange von Brot- oder Steakmessern kennt. Erst mit dem modernen Tactical Folder hielt er Einzug in die Welt der Taschenmesser. Der Sinn und Zweck besteht darin, mit der mehr oder weniger spitzen Zahnung sehr zähes und widerstandsfähiges Material schnell zu durchtrennen. Typische Einsatzzwecke sind zum Beispiel Sicherheitsgurte oder Kunststoffseile. Wellenschliffe findet man hauptsächlich an Rettungsmessern sowie Modellen, die für Polizei, Militär und sonstige Einsatzkräfte gedacht sind. Meist ist nur der hintere Teil der Schneide mit einem Wellenschliff versehen. Messer mit durchgehendem Wellenschliff findet man nur bei sehr wenigen Marken.

Für normale Schneidarbeiten sind Zahnungen eher hinderlich: Der Schnitt, den sie hinterlassen, ist nicht glatt und sauber: Ein Wellenschliff „reißt" eher, anstatt zu schneiden. Ein weiteres Problem ist, dass ein Wellenschliff nur schwer nachzuschärfen ist. Man benötigt dafür spezielle, konisch geformte Schärfgeräte, mit denen man in die „Täler" der Welle vordringen kann. Der Vorteil ist jedoch, dass Wellenschliffe recht lange scharf bleiben, weil sich primär die Spitzen abnutzen, während die kleinen konkaven Schneidflächen weniger verschleißen. Bei der Form des Wellenschliffs findet man jede Menge Varianten, die von sehr spitzen und aggressiven Sägezahnungen bis hin zu sanft gerundeten Wellen reichen. Auch die Abfolge und Größe der Täler ist sehr unterschiedlich. Hier folgt jede Messermarke ihrem eigenen Rezept. Messerkenner können vielfach bereits anhand der Form des Wellenschliffs die Hersteller unterscheiden.

Wellenschliffe finden sich oft bei Rettungsmessern.

Foto: Spyderco

DIE SCHLIFF-ARTEN

Der größte Unterschied zwischen den verschiedenen Klingengeometrien besteht in der primären Art des Schliffs. Es gibt bei Taschenmessern sechs Grundtypen:

Flachschliff (V-Grind)

Die Klinge ist ab dem Rücken bis zur Schneidfase praktisch wie ein großer Keil geschliffen. Somit ergibt sich eine gute Mischung aus Stabilität und Schneideigenschaften.

Flachschliff mit Klingenspiegel (Sabre Grind)

Ein großer Bereich unterhalb des Klingenrückens ist gar nicht geschliffen. Der Schliff beginnt erst danach, so dass sich für die Sekundärfase ein ziemlich starker Keilwinkel ergibt. Diese Klingengeometrie wählt man vor allem, wenn eine möglichst robuste Klinge gewünscht wird. Durch die Eindeutschung des amerikanischen Begriffs „Sabre Grind“ für diese Klingengeometrie hat sich der Name Säbelschliff etabliert.

Hohlschliff mit Klingenspiegel (Hollow Sabre Grind)

Wenn man einen möglichst starken Klingenrücken haben will, ohne dadurch die Schneideigenschaften zu verschlechtern, wird die Sekundärfase hohl (= konkav) geschliffen. Richtig ausgeführt ergibt sich dadurch ein relativ dünner, schneidfreudiger Winkel. Ein weiterer Vorteil für den Benutzer: Diese Klingen sind relativ einfach und schnell nachzuschärfen. In der Herstellung ist der Hohlschliff mit Klingenspiegel aber ein recht anspruchsvoller Schliff. Wenn man ihn nicht richtig ausführt, gerät der Übergangsbereich zwischen Sekundär- und Schneidfase zu dick, so dass trotz Hohlschliff der Winkel der Schneidfase zu groß wird.

Scandi Grind

Eine Ausnahme von der Klingengeometrie mit Sekundär- und Primärfase ist der skandinavische Schliff, der ursprünglich von nordischen Messern stammt. Beim Scandi Grind gibt es nach dem Klingenspiegel nur eine Fase, die in einer Ebene direkt bis zur Schneidkante auf Null geschliffen ist. Beim Nachschärfen muss man die komplette Primärfase schleifen – das verursacht einige Arbeit und ist ein Grund, weshalb nicht wenige Hersteller ein wenig tricksen und an der Schneidkante doch eine kleine Hilfsfase einschleifen. Ein Scandi Grind ist bei Taschenmessern extrem selten zu finden.

Balliger Schliff

Dieser Schliff ist bei industriell hergestellten Messern selten, weil er sehr aufwendig ist. Ballig bedeutet, dass sich die Klingenflächen leicht konvex nach außen wölben. Meist ist der Schliff dann auch auf Null ausgeführt, oder man findet nur eine minimale Schneidfase. Der große Vorteil des balligen Schliffs: Er kombiniert große Schneidfreudigkeit mit hoher Stabilität. Der Nachteil: Das richtige Schärfen erfordert handwerkliches Können oder spezielle Tricks.

Foto: MM/H. J. Wieland

SCHLIFFARTEN

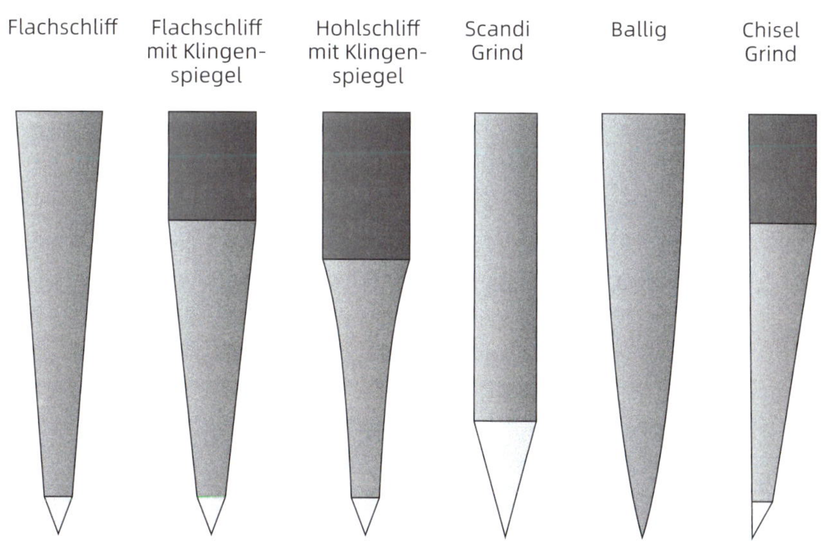

Wie das *Higo-JH* sind die meisten Messer von Rockstead leicht ballig sowie auch fast auf Null geschliffen und schneiden höllisch gut.

Emerson *CQC-7* mit komplett einseitigem Chisel Grind. Auf dieser Seite geschliffen können leider nur Linkshänder problemlos damit schneiden.

Chisel Grind

Im deutschsprachigen Raum hört man hierfür oft die Bezeichnung Meißelschliff, obwohl das sachlich falsch ist. Es müsste Beitelschliff heißen, denn wie bei einem Stechbeitel ist nur eine Seite der Klinge angeschliffen. Die Theorie hinter dem Chisel Grind ist, dass die Klinge dadurch stabiler wird (durch mehr Masse), und auch einfacher nachzuschärfen ist – weil man nur eine Seite bearbeiten muss. Die Firma Emerson Knives ist auf Messer mit Chisel Grind spezialisiert.

Das Konzept dahinter ist nicht ganz neu: Man findet solche einseitigen Schliffe auch bei japanischen Kochmessern. Allerdings wissen die japanischen Messerschmiede, dass man bei diesem Schliff zwischen Rechts- und Linkshändern unterscheiden muss. Durch den einseitigen Schliff schert die Klinge beim Schneiden zu einer Seite des Schnittguts aus. Befindet sich der Schliff auf der richtigen Seite, nämlich der Handaußenseite, wird dieser Effekt durch die natürliche Körpermechanik neutralisiert. Wenn der Schliff aber auf der falschen Seite liegt, ist es – auch wenn man noch so konzentriert und kraftvoll mit der Hand gegensteuert – praktisch unmöglich, einen geraden und sauberen Schnitt zu führen.

Für einseitig geschliffene japanische Kochmesser gibt es Modelle für Rechts- und Linkshänder. Chisel Grinds bei Taschenmessern liegen aus optischen Gründen jedoch immer auf der „Showseite" des Messers, auf der man das Firmenlogo sehen kann. Auch Emerson gibt an, dass der Chisel Grind als „visuelles Erkennungsmerkmal" auf der linken Seite geschliffen wird. Eigentlich alle auf dem Markt erhältlichen Chisel-Grind-Taschenmesser sind damit für Linkshänder geschliffen.

Kombi-Schliff

Manchmal wird versucht, zwei verschiedene Klingengeometrien miteinander

Foto: CRKT

zu kombinieren und so das Beste aus zwei Welten miteinander zu vereinen. Bei diesen Kombi-Schliffen gibt es zwei verschiedene Konzepte: Sehr häufig wird der Bereich um die Spitze mit starker Klingengeometrie geschliffen, so dass die Spitze weniger empfindlich wird. Teilweise wird zudem auch der hintere Klingenbereich robuster ausgeführt, damit man mit diesem Bereich kraftvolle Schneid- und Schnitzarbeiten ausführen kann. Eine moderate Version eines solchen Kombischliffs ist häufig beim American Tanto zu finden: Die abgeschrägte Klingenspitze ist flach geschliffen, der Rest der Klinge hohl.

Beim CRKT *BT-70* ist die Klinge jeweils etwa zur Hälfte in verschiedenen Winkeln geschliffen.

EMERSONS „V-SCHLIFF"

Der Chisel Grind wurde vor allem durch die Tactical Folder von Ernest Emerson populär. Wer keinen Chisel Grind will, aber die anderen Eigenschaften von Emerson-Messern - zum Beispiel die hervorragende Handlage - schätzt, nimmt ein Modell mit sogenanntem V Grind.
Bei Ernest Emersons V Grind handelt es sich nicht um einen normalen Flachschliff. Stattdessen ist die Schneidfase nur einseitig links geschliffen, was man bei Emerson als Chisel Edge bezeichnet. Diese Klingen wandern beim Schneiden nicht so stark seitlich aus wie ein echter Chisel Grind, aber gerade und akkurate Schnitte sind auch damit schwieriger.

GESCHWINDIGKEIT UND KRAFT

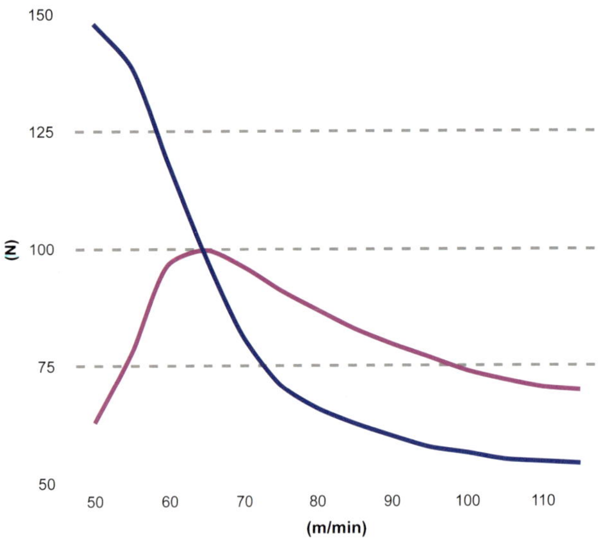

Der typische Kurvenverlauf im Verhältnis von Kraftaufwand zur Schnittgeschwindigkeit bei einem Druck-Zug-Schnitt. Der vertikale Kraftaufwand sinkt sofort mit steigender Geschwindigkeit, der horizontale Kraftaufwand steigt zunächst etwas an, um dann auch abzusinken.

horizontaler Kraftaufwand
vertikaler Kraftaufwand

DYNAMISCHER SCHNEIDENWINKEL

Durch die Schneidbewegung wird der zuvor statische Schneidenwinkel dynamisch und verändert sich. Je schneller die Bewegung, desto spitzer der Winkel.

statischer Schneidenwinkel
dynamischer Schneidenwinkel
dynamischer Schneidenwinkel bei höherer Geschwindigkeit

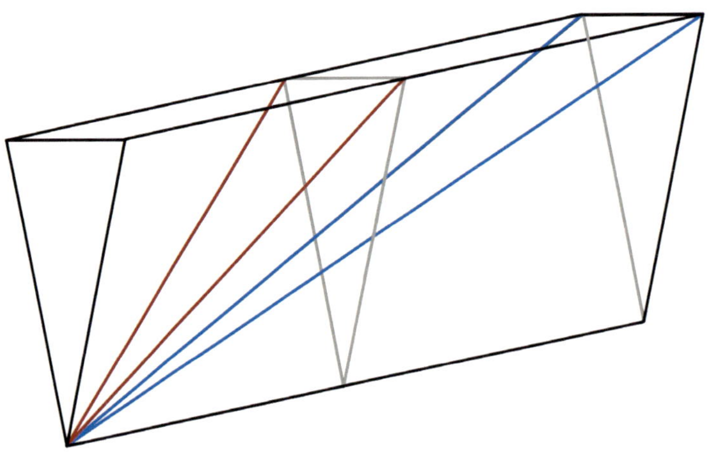

Foto: CRKT

DIE IDEALE KLINGENLÄNGE

Beim Schneiden mit einem Messer arbeitet man fast immer mit einem kombinierten Druck-Zug-Schnitt: Die Hand drückt die Klinge auf das Schnittgut und führt gleichzeitig eine ziehende oder schiebende Bewegung aus. Labormessungen haben gezeigt: Mit zunehmender Schneidgeschwindigkeit verringern sich sowohl der vertikale als auch der horizontale Kraftaufwand beim Schneiden.

Das liegt am sogenannten dynamischen Schneidenwinkel: Durch die Schneidbewegung wird der Schneidenwinkel physikalisch gesehen spitzer. Und je schneller die Schneidbewegung ist, desto spitzer und damit schnittiger wird dieser Schneidenwinkel.*

Was bei der Beschreibung der Klingengeometrie gerne vergessen wird, ist der menschliche Faktor: Körpermechanik und Beschleunigungsweg. Wir alle wissen, dass man erst eine gewisse Strecke zurücklegen muss, um die maximal mögliche Geschwindigkeit zu erreichen. Das gilt auch für Armbewegungen. Übertragen aufs Messer bedeutet das: Bei sehr kurzen Klingen ist die Schneidbewegung von der Klingenbasis bis zur Spitze oft schon beendet, bevor man

* Genau nachlesen kann man das im Buch *Messerklingen und Stahl* von Roman Landes.

Zusätzlich zur Schärfe der Schneidfase sind die Winkel der Klingengeometrie entscheidend für die Schneideigenschaften.

KLINGENLÄNGE RICHTIG MESSEN

Je nach Messmethode erhält man für die Klingenlänge unterschiedliche Werte. Das wird vor allem dann relevant, wenn zu beurteilen ist, ob es sich bei einem Messer um eine Waffe im Sinne des Gesetzes handelt. Deshalb ist es wichtig, dieselbe Messmethode wie Polizei- und Justizbehörden zu verwenden. Generell wird in Deutschland die Klingenlänge „von der Klingenspitze in gerader Linie bis zu dem Punkt, an dem die Linie den Griff schneidet", gemessen, wie das BKA ausführt. In Zweifelsfällen zählt aber „nicht die maximal aus dem Griff herausragende Länge der Klinge, sondern nur die bei einem geraden Stich wirksame Länge", wie das Merkblatt Hieb- und Stoßwaffen des Bayerischen Landeskriminalamts (LKA Bayern) erklärt: „Die wirksame Klingenlänge wird von der Klingenspitze bis zur vorderen Griffkante (Handschutz) gemessen." Die Messmethode der wirksamen Klingenlänge (oberes Bild) wird auch vom BKA bestätigt, da „ein Messer gegebenenfalls bis zum vordersten Beginn des Griffes eindringen kann". Für die wirksame Klingenlänge wird deshalb im Polizeijargon oft auch der Begriff Eindringtiefe benutzt. Auf die Maßangaben in Katalogen kann man sich nicht immer verlassen. Besonders deutlich wird das bei Messern aus China. Viele Importeure übernehmen die technischen Daten der chinesischen Hersteller, ohne selbst noch einmal nachzumessen. Aber nach chinesischem Gesetz zählt nur die Schneidenlänge, also der scharf geschliffene Teil der Klinge. Je nachdem, wie groß das Ricasso ist, ergibt sich teilweise ein deutlicher Unterschied zwischen den Katalogangaben und der tatsächlichen Klingenlänge.

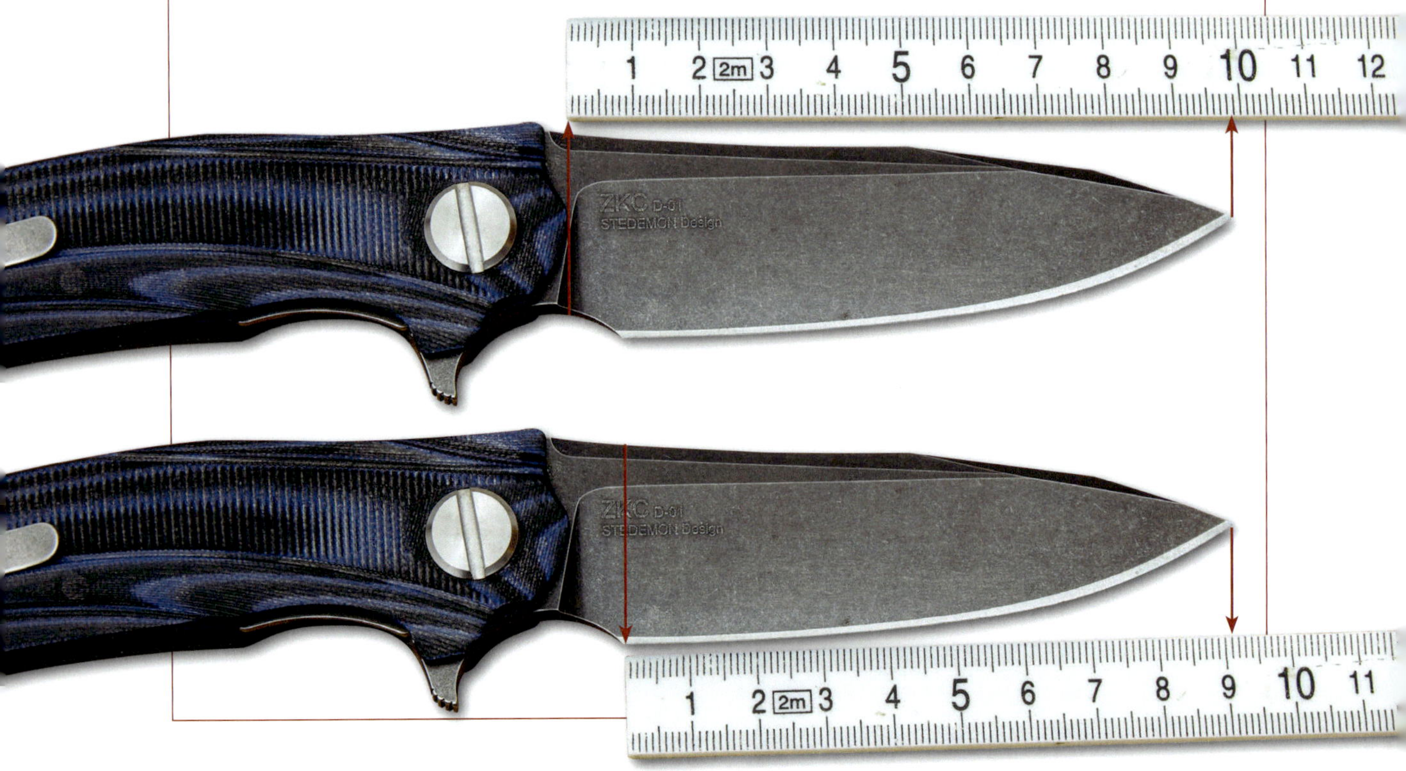

Foto: Chris Reeve

Das *Sebenza* von Chris Reeve ist in Klingenlängen von 9,1 oder 7,6 Zentimetern erhältlich.

die maximale Schneidgeschwindigkeit erreicht hat.

Daraus folgt zwangsläufig: Je kürzer die Klinge und damit auch der Beschleunigungsweg, desto langsamer die Schneidbewegung – und desto weniger profitiert man vom dynamischen Schneidenwinkel. Bei einer längeren Klinge kann man dagegen schneller schneiden, wodurch der effektiv wirksame Schneidenwinkel spitzer wird.

Vereinfacht zusammengefasst: Je länger die Klinge, desto effektiveres Schneiden. Das ist einer von mehreren Gründen dafür, dass Profi-Köche am liebsten große Kochmesser mit 20 oder mehr Zentimetern Klingenlänge verwenden. In der Praxis sind der Klingenlänge natürlich durch die Handhabung Grenzen gesetzt, besonders bei Taschenmessern, die sich ja zusammenklappen und tragen lassen müssen. Abgeleitet von diesen Faktoren gilt daher eine einfache Faustregel für eine gute Klingenlänge: So kompakt wie nötig, aber so lang wie möglich.

Auf dem Markt sind einige Taschenmesser mit Klingen von elf Zentimetern und mehr erhältlich. Aber die meisten großen Folder machen bei zehn Zentimetern (= vier Zoll) Schluss. Das entspricht einer Grifflänge von rund 13 Zentimetern. Diese Größe lässt sich mit Clip gerade noch komfortabel in der Hosentasche tragen.

Auch wenn ein großes Taschenmesser mit einer Zehn Zentimeter Klinge in funktionaler Hinsicht absolut sinnvoll ist, gibt es natürlich gute Gründe dafür, kompaktere Modelle zu bevorzugen. Beispielsweise rechtliche Trage-Beschränkungen durch die Gesetze eines Landes. Mitunter kommen sie aus dem persönlichen Umfeld: Ein großes Taschenmesser kann kritische Blicke auf sich ziehen.

Die meisten Practical Folder liegen zwischen sieben und neun Zentimetern. Wegen der internationalen Ausrichtung der großen Messerhersteller sind 8,9 Zentimeter (= 3,5 Zoll) sehr weit verbreitet. Um den unterschiedlichen Märkten, Geschmäckern und Bedürfnissen Rechnung zu tragen, bieten viele Firmen ihre Erfolgsmodelle daher in mehreren Größen an.

Die beiden Varianten des CRKT *Pharao* greifen unterschiedliche Ansätze auf. Die Klinge ist in verschiedenen Winkeln geschliffen und auch mit teilweisem Wellenschliff ausgestattet.

Foto: CRKT

Foto: Sharp by Coop

KAPITEL 6

ZUR SICHERHEIT: ARRETIERUNGEN

„Einen sicheren Freund erkennt man in unsicherer Sache."

- Cicero -

Jedem Messerfreund, der sich schon einmal beim kraftvollen Arbeiten mit einem Slipjoint-Taschenmesser durch eine unversehens zuklappende Klinge geschnitten hat, ist sofort klar, dass eine Arretierung bei einem Taschenmesser ein enorm wichtiger Sicherheitsfaktor ist. Die Frage jedoch, wie stabil eine Arretierung sein soll und welches der vielen Systeme auf dem Markt das Beste ist, wird unter Messerfreunden leidenschaftlich diskutiert.

Manche Stimmen sagen, dass eine Arretierung so robust wie möglich sein sollte und dieser Funktion alle anderen Aspekte unterzuordnen seien. Andere sind der Meinung, dass Arretierungen in der täglichen Praxis – natürlich ohne die Sicherheit ernsthaft zu vernachlässigen – einen möglichst sinnvollen Kompromiss aus Stabilität und Bedienkomfort darstellen sollten. „Du kaufst ein Auto, weil es tausend PS hat, aber du magst es, weil es bequem und zuverlässig ist", meint dazu Messermacher Flavio Ikoma, der Erfinder des Deadbolt-Locks (der später vorgestellt wird).

Ein besonders wichtiger Aspekt ist die einhändige Bedienung: Während Messer mit Liner-, Frame-, Axis- oder Button-Lock problemlos einhändig zu entriegeln und auch zuzuklappen sind, funktioniert das bei anderen Systemen nicht so einfach und glatt.

Immer wieder kommen neue Arretierungen für Taschenmesser auf den Markt. Einige sind relativ kurzlebig, andere sind seit Jahrzehnten im Einsatz und haben sich bewährt. Ich will hier keinen vollständigen Überblick bieten (das würde den Rahmen komplett sprengen), sondern die wichtigsten Systeme auf dem Markt erklären. Der Liner-Lock nimmt dabei den meisten Platz ein. Er ist das mit weitem Abstand wichtigste Arretierungssystem auf dem Markt.

Linke Seite: Titan-Folder von Messermacher Tyler Turner. Frame-Locks werden bei Titan immer beliebter.

ARRETIERUNGEN TESTEN

Viele kennen die rabiaten Test-Videos des Herstellers Cold Steel, die man auf Youtube sehen kann. Die Firma tut ihr Möglichstes, um die Schnittwirkung ihrer Messer und die Stabilität der Arretierung Tri-Ad-Lock zu demonstrieren. Da werden zum Beispiel am Griff eines Taschenmessers ein ganzer Motorblock oder mehrere hundert Kilogramm in Form von Hantelscheiben befestigt. Andere Tester messen die Haltekraft der Arretierung mit elektronisch gesteuerten Winden. Wenn man nach „Knife Lock Tests" googelt, wird man noch viele andere - mehr oder weniger sinnvolle - Testmethoden finden. Viele sind nicht empfehlenswert. Es gibt aber auch einige gute Methoden für den Hausgebrauch.
Wenn man gerade ein Messer gekauft hat, macht es Sinn, die Arretierung zu überprüfen. Das geht ziemlich einfach: Zunächst öffnet man das Messer, wackelt energisch an der ausgeklappten Klinge herum und prüft dabei, ob die Klinge vertikales oder seitliches Spiel hat und sicher arretiert. Wenn die Klinge dabei bereits im Griff auf und ab ruckelt oder seitlich wackelt, stimmt etwas nicht.
Dann dreht man das aufgeklappte Messer mit dem Rücken nach unten, legt den vorderen Bereich der Klinge auf eine feste Unterlage und übt stetig zunehmenden Druck aus. Dabei achtet man natürlich darauf, dass die Finger nicht im Weg einer eventuell einklappenden Klinge liegen. Wichtig ist, dass der Druck möglichst weit vorne an der Klinge anliegt, denn aufgrund der Hebelwirkung wirkt er so besonders stark. Der dritte Test ist relativ rabiat: Aus der gleichen Handhaltung heraus übt man beim Spinewhack-Test keinen konstanten Druck aus, sondern schlägt den Klingenrücken mehrfach kraftvoll auf eine Unterlage. Wenn man beabsichtigt, das Messer bei einer versagenden Arretierung zu reklamieren, sollte man dabei tunlichst eine Zeitung unterlegen, damit die Klinge nicht verkratzt.
Auf den Fotos haben wir die Papier-Dämpfung weggelassen, damit man sehen kann, wie die Holzunterlage durch die Schläge eingekerbt wird.
Achtung: Um Verletzungen zu vermeiden, nimmt man bei diesen Tests unbedingt seine Finger aus der Bahn der Klinge oder zieht einen Schnittschutz-Handschuh an - am besten beides.

DER LINER-LOCK

Der Liner-Lock ist das am weitesten verbreitete Arretierungssystem. Es gibt hauptsächlich zwei Gründe für diese Popularität: Erstens ist er sehr einfach und komfortabel einhändig zu bedienen – genau dafür wurde er schließlich entwickelt. Zum Öffnen eines Liner-Lock-Messers benötigt man keine Kraft. Aber auch das Schließen lässt sich sehr gut einhändig bewerkstelligen. Dazu muss man nur mit dem Daumen die Sperrfeder ein wenig zur Seite drücken.

Der zweite Grund: Im Prinzip ist ein Liner-Lock preisgünstig und einfach zu fertigen, weil er im Gegensatz zu anderen Systemen kaum zusätzliche Bauteile benötigt. Allerdings kann man bei der Fertigung auch eine ganze Menge falsch machen. Das ist der Grund, weshalb dem Liner-Lock der Ruf einer gewissen Unzuverlässigkeit anhaftet.

Das heutige Liner-Lock-System ist auf den US-Messermacher Michael Walker zurückzuführen. Nach diversen Erfahrungen mit Slipjoints und Back-Lock-Messern tüftelte Walker um 1980 herum an einer neuen Arretierung, um ein Taschenmesser mit neuen Eigenschaften zu erhalten:

- Es sollte einhändig möglichst gut zu öffnen und zu schließen sein, und zwar ohne dabei die Position des Messers in der Hand zu verändern.
- Mit der Zeit auftretender Verschleiß sollte ausgeglichen werden.
- Die bei den damaligen Back-Lock-Messern grundsätzlich vorhandene

Edler Folder von Michael Walker, dem Erfinder des Liner-Locks.

Der Liner-Lock ist sehr leicht zu bedienen und recht einfach zu fertigen.

„Lücke" an der Klingenwurzel, deren scharfe Kante Hosentaschen zerstören kann, sollte verschwinden.

Michael Walkers Liner-Lock erfüllte alle Anforderungen und hat seitdem einen weltweiten Siegeszug angetreten. Als Basis verwandte Walker ein System, das bereits seit der Jahrhundertwende bekannt war, verbesserte es aber deutlich. Eine der wichtigsten Änderungen war der Detentball, eine kleine eingepresste Kugel in der Sperrfeder, die die eingeklappte Klinge sicher im Griff hält. Ein weiterer positiver Effekt: Im Gegensatz zu Back-Lock-Messern kann bei Liner-Locks der Griffrücken ganz oder teilweise offen gelassen werden, so dass man das Innere des Messers leichter reinigen kann.

Man unterscheidet bei Liner-Locks zwei Grundtypen. Beim Großteil der handelsüblichen Modelle wird die Sperrfeder aus dem Liner selbst herausgearbeitet (Locking Liner). Sie ist bei selbsttragenden Griffen als eigenes Bauteil gefertigt, wird von innen in die Griffschale eingelegt und ist dort in einer ausgefrästen Tasche verschraubt (Nested Liner).

Das Grundprinzip ist bei beiden Varianten gleich: Die Sperrfeder bildet zusammen mit der Klingenachse und

DAS KRAFT-DREIECK

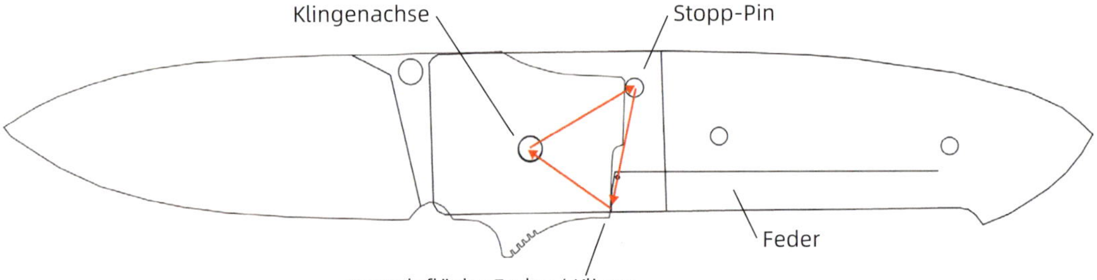

So funktioniert der Liner-Lock: Die Sperrfeder verkeilt die Klingenwurzel mit Achse und Stopp-Pin.

Grafik: Fronteddu/Steigerwald

dem Stopp-Pin (dem Klingenanschlag) ein Kraft-Dreieck. Die Klinge wird zwischen Feder und Anschlag verkeilt.

Für die optimale Funktion ist es sehr wichtig, dass der Kontaktpunkt von Sperrfeder und Klingenwurzel möglichst weit von der Klingenachse entfernt liegt. Damit ergibt sich die richtige Kraftwirkung, um nicht durch die Hebelwirkung überlastet zu werden. In der Idealform bildet das Kraft-Dreieck ein gleichmäßiges (= gleichseitiges) Dreieck mit Winkeln von dreimal 60 Grad – die stärkste geometrische Form. Das lässt sich in der Messerkonstruktion aber nur selten exakt umsetzen. Die Sperrfeder wird vorne so geformt, dass nur ein kleiner Bereich von wenigen Millimetern mit der Klingenwurzel Kontakt hat. Dadurch wird der Federdruck verstärkt auf diesen kleinen Bereich konzentriert.

Der Locking Liner ist normalerweise rund 1,5 Millimeter stark. Man findet auch zwei Millimeter bei besonders robusten Messern. Die Liner bestehen entweder aus Stahl oder, bei hochwertigeren Messern, aus Titan. Titan wird oft als das ideale Material für Liner-Locks angesehen: Beim Kontakt mit Stahl kommt es zu einem spürbaren

WICHTIGE DETAILS

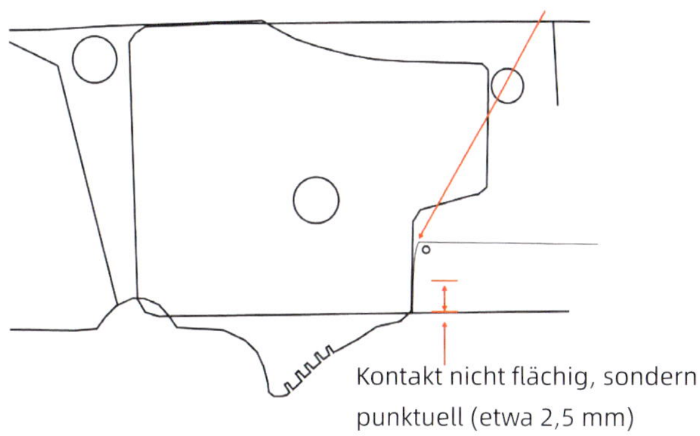

Das vordere Ende der Sperrfeder wird so geformt, dass sich die Kraft auf kleiner Fläche konzentriert.

Grafik: Fronteddu/Steigerwald

Foto: CRKT

Die Sperrfeder sollte möglichst früh – also im vorderen Bereich der Klingenrampe – arretieren.

DER DETENTBALL

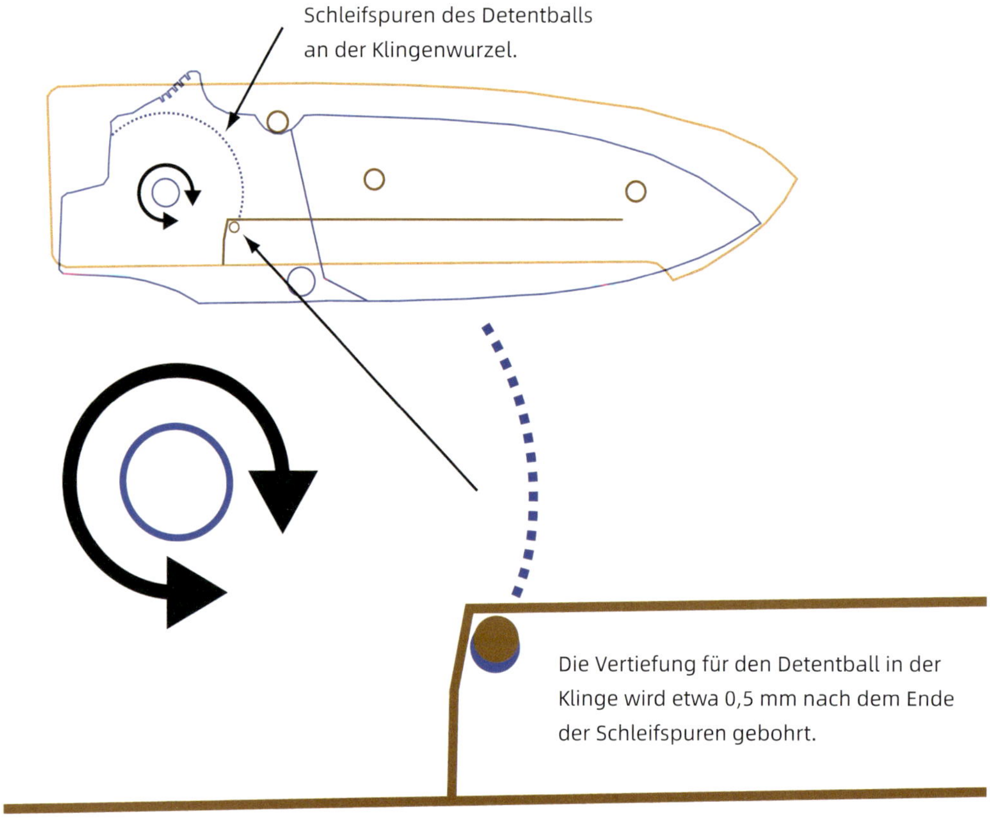

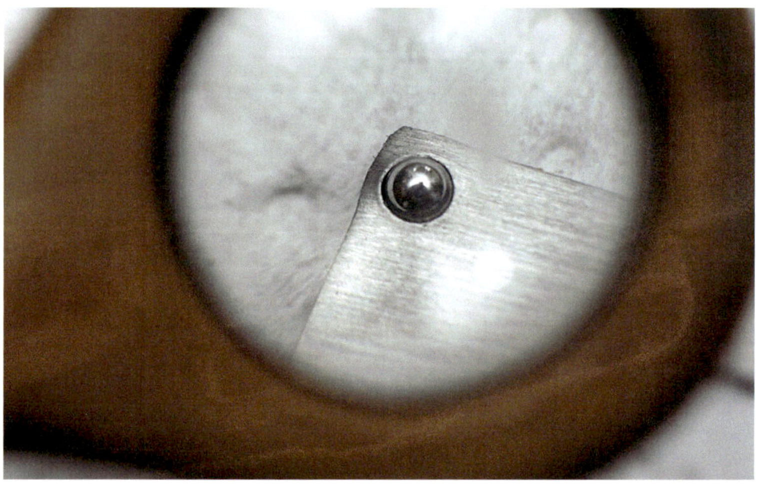

Durch das Einschlagen der Kugel wird die Feder etwas gestaucht. Das muss man bei der Fertigung berücksichtigen.

Foto und Grafik: Fronteddu/Steigerwald

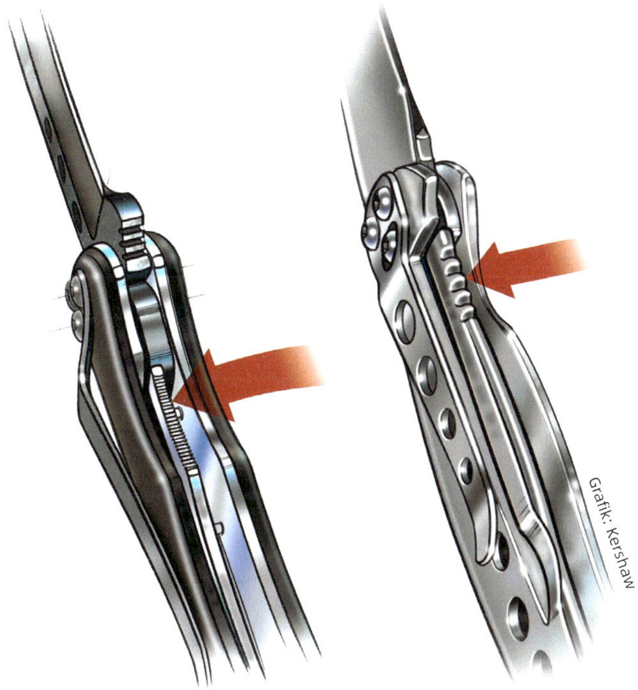

Liner-Lock und Frame-Lock funktionieren nach den gleichen Prinzipien.

Reibungseffekt – man hat das Gefühl, dass die Titan-Sperrfeder an der Klingenwurzel klebt. Manchmal ist dieser Klebe-Effekt allerdings so groß, dass sich die Klinge nur sehr schwer wieder entriegeln lässt. Eine der häufigsten Ursachen dieses Problems ist ein falscher (zu flacher) Winkel der Klingenrampe (dazu gleich mehr). Klemmt der Locking Liner aus Titan, hilft Graphit: Die Kontaktfläche an der Klingenwurzel wird ganz leicht mit einem Bleistift eingestrichen.

Ist der Liner-Lock richtig konstruiert, wird der im Gebrauch eintretende Verschleiß kompensiert. Die Klingenwurzel bildet eine schräge Rampe. Die Sperrfeder sollte ab Werk möglichst früh arretieren, also am äußeren Rand dieser Rampe. Mit zunehmender Abnutzung kann sie die Rampe weiter herauf wandern. Wenn eine Sperrfeder bereits im Werkszustand spät arretiert – also erst in der Mitte der Rampe oder sogar am hinteren Ende –, dann ist der Liner-Lock nicht richtig gefertigt. Eine sehr häufige Fehlerursache ist auch ein falscher Winkel der Klingenrampe (siehe Bild auf der nächsten Seite).

Mit zunehmender Abnutzung der Sperrfeder wird die Reibungs- und Kontaktfläche zur Klingenwurzel größer. Dadurch wird der Verschleiß verlangsamt. Insbesondere bei Messern mit schwerer Klinge und Titan-Linern stellt man dennoch im Lauf der Zeit eine spürbare Abnutzung fest. Es kommt schließlich zu radialem Klingenspiel, und die Arretierung arbeitet nicht mehr zuverlässig. Das liegt dann an der Nutzung – etwa sehr häufigem, kraftvollem Aufschleudern der Klinge – und/oder an zu weichem Titan.

Eigentlich sollte für die Sperrfeder nur federhartes Titan 6Al4V verwendet werden. Wie Bob Terzuola ausführt, reduziert sich der Verschleiß bei Titan 6Al4V nach der Einlaufphase, weil es im Bereich des Anschlags zu einer Kaltverdichtung des Titans kommt. Aus Kostengründen werden jedoch manchmal weichere, leichter zu bearbeitende Titan-Legierungen verwendet, allerdings nutzen sich die Locking-Liner hier spürbar ab. Deshalb sollte man bei Liner-Lock-Messern (und nicht nur bei diesen) das weit ausholende, kraftvolle Aufschleudern der Klinge vermeiden.

Bei normalem und regelmäßigem Gebrauch des Messers dauert es einige Jahre, bis sich die Sperrfeder so weit

WINKEL DER KLINGENRAMPE

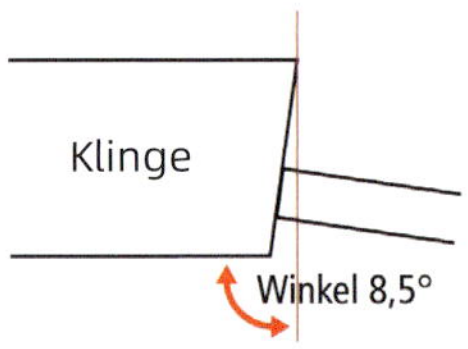

Richtig: Der Winkel zwischen Klinge und Feder soll zwischen 7,5° und 8,5° betragen.

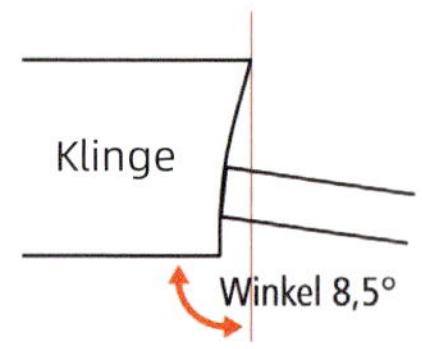

Noch besser: Am besten wird die Rampe noch mit einem Radius geschliffen.

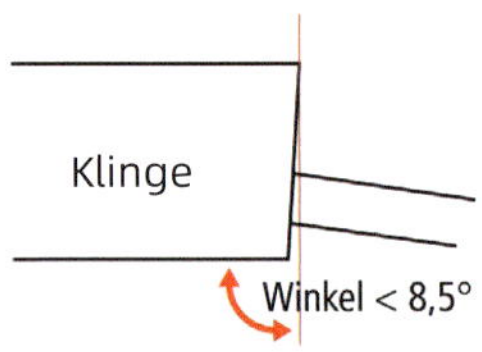

Falsch: Ist der Winkel kleiner, verklemmt sich die Feder zu stark.

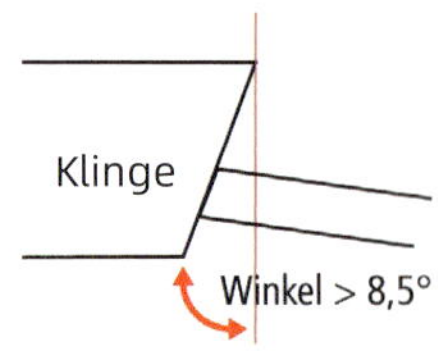

Falsch: Ist der Winkel größer als 8,5°, rutscht die Klinge unter Belastung von der Feder.

Grafik: Fronteddu/Steigerwald

abgenutzt hat, dass sie ganz am hinteren Ende der Rampe angelangt ist. Und auch dann arretiert sie immer noch zuverlässig. Wenn das nicht mehr der Fall sein sollte, bleibt einem nur noch übrig, den Locking Liner auszubauen und durch ein paar leichte Hammerschläge wieder etwas zu strecken. Das sollte man jedoch einem Fachmann, wie einem Messermacher mit Liner-Lock-Erfahrung, überlassen. Dieser Aufwand lohnt sich auch nur bei hochwertigen Messern oder heißgeliebten Schätzchen.

Ein weiterer wichtiger Faktor für das richtige Funktionieren des Liner-Locks ist der Detentball. Diese kleine Kugel aus Stahl – bei hochwertigen Messern auch aus Keramik – sitzt auf der Innenseite vorne an der Sperrfeder. Der Detentball greift beim geschlossenen Messer in eine passgenaue Vertiefung in der Klingenwurzel. Die dadurch erzeugte Haltekraft verhindert, dass sich das Messer versehentlich in der Hosentasche öffnet, was besonders bei Tip-up getragenen Messern wichtig ist. Der Detentball wirkt auch auf den Klingengang: Beim Einklappen des Messers führt dies dazu, dass die Klinge auf den paar Millimetern des Weges durch den Druck des Detentballs nach innen gezogen wird.

Wenn der Detentball zu fest in der Tasche der Klingenwurzel einrastet, braucht man beim Ausklappen viel

Bei Zusatzsicherungen wird eine Blockierung zwischen Liner und Griffschale geschoben.

Foto: CRKT

Grafiken: CRKT

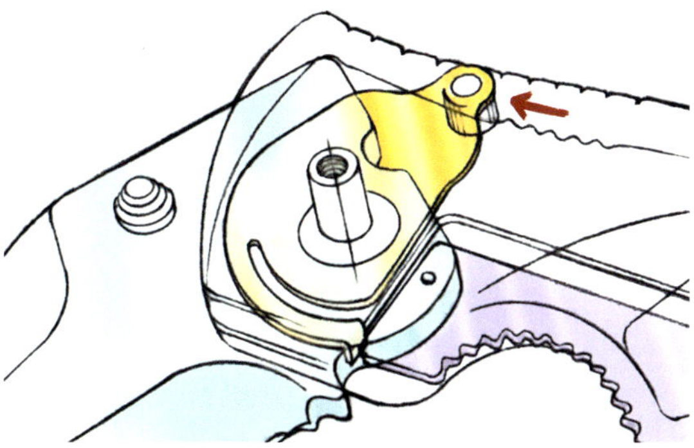

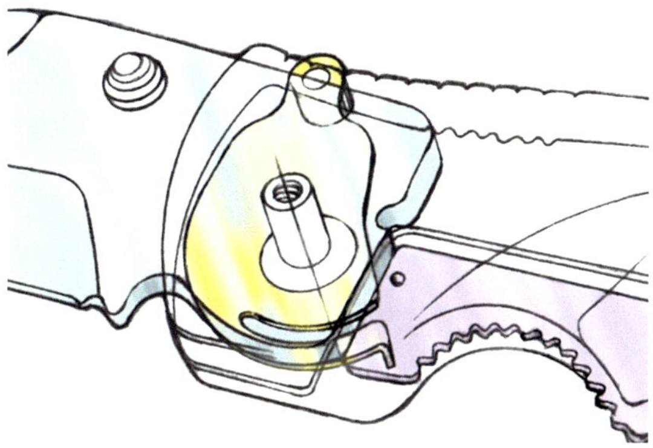

Kraft, um diesen Widerstand zu überwinden. Die Klinge bewegt sich zunächst nicht – um dann plötzlich mit hoher Energie aufzuklappen. Dieses Phänomen kann auftreten, wenn die Vertiefung in der Klingenwurzel zu tief oder die Spannung der Sperrfeder zu hoch ist. Manchmal hört man bei fabrikneuen, preisgünstigen Messern ein leichtes Schabgeräusch beim Öffnen – das ist die Klingenwurzel, die sich über den Detentball bewegt. Etwas Öl hilft, und nach einiger Zeit des Herumspielens ist der Mechanismus eingelaufen. Ist das Geräusch sehr deutlich und verschwindet auch nicht, handelt es sich um einen Fertigungsfehler.

In der Messer-Community hört man immer wieder von versagenden Liner-Locks. Die Ursache dafür sind Fehler bei Konstruktion und Fertigung. Eine mögliche Fehlerquelle liegt darin, dass die Vorbiegung der Sperrfeder nicht stark genug ist. Dies kann man selber noch etwas nachbessern, indem man die Feder vorsichtig nachbiegt. Viel häufiger ist aber die Rampe an der Klingenwurzel falsch geschliffen: Damit der Liner-Lock richtig funktioniert, muss die Rampe den richtigen Steigungswinkel haben. Er liegt in der Regel zwischen 7,5 und 8,5 Grad, der maximale Toleranzbereich beträgt 7 bis 9 Grad.* Bei einem Winkel, der deutlich kleiner ist, verklemmt sich die Sperrfeder sehr häufig, und man kann die Klinge oft nur noch mit einer Münze oder im schlimmsten Fall mit einem Schraubendreher entriegeln.

Noch schlimmer ist es, wenn der Winkel zu groß ist: Dann besteht die Gefahr, dass der Liner von der Rampe abrutscht und die Arretierung versagt. Bei in großer Stückzahl gefertigten Serienmessern handelt es sich häufig nicht um ein vereinzeltes Montagsstück, sondern eine komplette Produktions-Charge ist falsch gefertigt. Noch

Mit einem kleinen Schieber an der Oberseite des Griffs wird die Zusatzsicherung LAWKS betätigt.

* Wer es ganz genau wissen will, dem empfehle ich das Buch *Liner-Lock-Messer. Von der Konstruktion zum fertigen Klappmesser* von Stefan Steigerwald und Peter Fronteddu.

bis vor einigen Jahren kam so etwas vergleichsweise häufig vor, mittlerweile ist es deutlich seltener geworden. Aber auch ein hoher Kaufpreis und eine renommierte Marke schützen leider nicht immer davor.

Nach Erfahrung von Bob Terzuola und anderen Messermachern wie Stefan Steigerwald ist die beste Methode für den Liner-Lock, die Rampe in einem Winkel von 8,5 Grad und leicht konkav zu schleifen. So wird die Rampe zum Ende hin zunehmend steiler, wodurch auch Verschleiß an der Sperrfeder besser kompensiert wird. Bei industriell gefertigten Messern findet man diese konkav geschliffenen Rampen in der Regel nur bei hochwertigen Modellen von namhaften Marken.

Wichtig für die Funktion des Liner-Lock ist, dass die Federkraft der Sperrfeder weder zu schwach noch zu stark ist. Im geschlossenen Zustand drückt die Sperrfeder ja immer seitlich gegen die Klinge. Wird dieser Druck zu stark, steht die Klinge schief im Griff und läuft nicht ganz geschmeidig – im ungünstigsten Fall wird sie gegen den anderen Liner gepresst und schabt bei jedem Öffnen und Schließen darüber. Dann muss man den Klingengang neu justieren. Wenn das nicht hilft, bleibt nur, die Feder ganz leicht zurück zu biegen.

In der Bedienung ist der Liner-Lock sehr komfortabel. Allerdings muss man im Gegensatz zum Back-Lock, bei dem der Entriegelungshebel leicht zugänglich außen liegt, zum Schließen an die Innenseite des Messers heran. Je nach Griff-Design kann sich das schwierig gestalten, insbesondere wenn der Liner bündig mit den Griffschalen abschließt. Aus diesem Grund war es besonders in den 1980ern und Anfang der 1990er

Der Frame-Lock ist etwas stabiler als der Liner-Lock, ansonsten gibt es hauptsächlich optische Unterschiede.

Bei Verwendung von leichtem Titan kann man die Liner auch stärker und damit stabiler machen, wie man hier bei Messermacher Sean O'Hare sieht.

üblich, in die Front-Griffschale eine Aussparung einzuarbeiten, die ein Stück vom Liner frei ließ. Abgesehen davon, dass viele Messerfreunde solch eine Aussparung als unästhetisch empfinden, wurden auch immer wieder Sicherheitsbedenken laut: Die Befürchtung, dass man bei einem festen Griff das Messer versehentlich entriegeln könnte. Deshalb haben sich Messermacher und Hersteller verschiedene Lösungen einfallen lassen.

Eine der simpelsten Methoden, den Locking-Liner etwas griffiger zu machen, ist, ihm auf der Unterseite eine Riffelung zu verpassen: So findet der Daumen auch dann Halt, wenn der Liner ansonsten mit der Griffunterseite bündig abschließt. Eine andere Praktik ist, die Griffschale an der entsprechenden Stelle um ein bis zwei Millimeter Breite zurückzunehmen, so dass zwar keine große Aussparung entsteht, die Sperrfeder aber ein kleines bisschen übersteht. Meistens wird das mit einer zusätzlichen Riffelung kombiniert.

Wie man sieht, sind bei der Fertigung des Liner-Locks viele Aspekte zu berücksichtigen. Als Hersteller kann man eine Menge falsch machen. Aber es hat seine Gründe, dass das System die weltweit beliebteste Arretierung für Taschenmesser darstellt: Die Bedienung ist ebenso einfach wie komfortabel, und ein gut konstruierter und akkurat gefertigter Liner-Lock ist ein sicheres Arretierungs-System.

Vor allem im preisgünstigen Segment bauen viele Messerhersteller noch Zusatzsicherungen bei ihren

LINKSHÄNDER UND ARRETIERUNGEN

An den Arretierungen zeigt sich, welche Messer wirklich für Linkshänder geeignet sind. Back-Lock, Tri-Ad-Lock sowie auch Axis-Lock & Co. sind so konstruiert, dass sie von jeder Seite problemlos bedient werden können. Auch der Compression-Lock ist mit etwas Übung sowohl durch Links- als auch durch Rechtshänder zu bedienen. Dagegen ermöglichen Liner-Lock, Frame-Lock, Button-Lock und auch Deadbolt-Lock eine wirklich einhändige Bedienung nur von einer Seite. Diese Messer sind für Rechtshänder gemacht. Messermacher - wie Keith Ouye bei diesem Modell - können natürlich ein Modell speziell für Linkshänder fertigen - also wirklich die ganze Griffkonstruktion einmal komplett spiegeln. In der Serienfertigung findet man das allerdings so gut wie nie.

Foto: Sharp by Coop

Liner-Lock-Modellen ein. Sie basieren in der Regel darauf, dass mit einem kleinen Schieber ein Riegel vor die arretierte Sperrfeder geschoben wird, damit diese nicht mehr von der Rampe nach außen rutschen kann. Eines der ersten dieser Systeme war das von den Messermachern Ron Lake und Michael Walker entwickelte LAWKS (Lake and Walker Knife Safety), das bei nicht wenigen Modellen von CRKT verwendet wurde. Mittlerweile gibt es diverse weitere Zusatzsicherungen, die auf einem ähnlichen Prinzip basieren.

Die größte Kritik an solchen Zusatzsicherungen ist, dass man in der Praxis den zusätzlichen Handgriff vergessen oder aus Bequemlichkeit weglassen könnte. Darauf reagierte CRKT bereits Anfang 2006 mit der Einführung von AutoLAWKS. Die Funktionsweise ist die gleiche wie bei LAWKS, allerdings ist hier der Riegel mit einer Feder versehen. Bei Öffnen des Messers wird der Riegel dadurch automatisch vorgeschoben. AutoLAWKS-Messer sind etwas umständlicher zu schließen als die normalen LAWKS-Modelle, aber es ist durchaus einhändig möglich. Obwohl das System heute noch verbaut wird, verwendet CRKT den Namen LAWKS mittlerweile nicht mehr.

DER FRAME-LOCK

Der Frame-Lock ist ein naher Verwandter des Liner-Locks. Er basiert auf den gleichen physikalischen Prinzipien und wird auf die gleiche Art bedient. Der Unterschied besteht darin, dass hier die Sperrfeder nicht Bestandteil des Liners ist, sondern aus dem Griffrahmen (Frame) selbst herausgearbeitet ist, der aus Stahl oder Titan besteht.

Bekannt wurde der Frame-Lock vor allem durch das Modell *Sebenza* von Chris Reeve, der auch als Erfinder dieses Arretierungs-Mechanismus gilt. Um 1991 eingeführt, wurde das anfangs noch handgearbeitete *Sebenza* zu einer Erfolgsgeschichte. Es war zu dieser Zeit eines der wenigen Taschenmesser, dessen Griff komplett aus Titan bestand. Chris Reeve bezeichnete das Arretierungssystem als Integral-Lock, und so

Das *Sebenza* von Chris Reeve war das erste Messer mit Frame-Lock.

Foto: Chris Reeve

Fotos: Sharp by Coop

wird es dort auch heute noch genannt. In der Messerwelt hat sich jedoch die Bezeichnung Frame-Lock durchgesetzt.

Durch moderne, computergesteuerte Frästechnik wurde der Frame-Lock in den letzten Jahren sehr populär, da man aufwendig gearbeitete Titangriffe zu günstigen Preisen anbieten kann. Ob Stahl oder Titan: Die Konstruktion eines Frame-Locks bleibt gleich. In die arretierende Seite des Griffs wird ein Schlitz eingearbeitet, so dass sich eine Sperrfeder bildet. Am hinteren Ende der Sperrfeder wird das Material ausgedünnt, damit die Feder beweglich wird. Da dieser Lock Bar mit drei bis vier Millimetern deutlich mehr Materialstärke aufweist als die Sperrfeder eines Liner-Locks, ist er auch stabiler. Zudem wird der Lock Bar beim Benutzen meist mit der Hand nach innen gedrückt, wodurch die Schließkräfte verstärkt werden.

Da der Frame-Lock nach den gleichen mechanischen Prinzipien wie ein Liner-Lock funktioniert, muss man hier auf die gleichen Faktoren achten:

- den Detentball
- das Kraftdreieck zwischen Klingenachse, Stopp-Pin und Sperrfeder

Klingenstand, Einstellung des Frame-Locks, Konstruktion des Stopp-Pins etc.: Das Modell *Singularity* von Messermacher Todd Rexford zeigt, was bei der Konstruktion alles beachtet werden muss.

An Breite und Konstruktion des Schlitzes lässt sich sehr gut die Verarbeitungsqualität eines Frame-Locks erkennen.

Beim *Zero Tolerance 0562* und *Defcon TD 1001* dient eine außenliegende Scheibe als Überdehnschutz für den Frame-Lock.

Beim Bolster-Lock wird der Großteil des Lock Bars optisch von der Griffschale verdeckt (Custom Folder von Jonathan McNees).

- den passenden Abstand zwischen Sperrfeder-Anschlag und Klingenachse
- den richtigen Winkel an der Rampe
- die richtige Vorbiegung

Es gibt aber auch Faktoren, die sich vom Liner-Lock unterscheiden. So besteht beim Frame-Lock die Gefahr, dass man beim Entriegeln den Lock Bar zu weit nach außen drückt und dadurch überdehnt, so dass die Arretierung anschließend nicht mehr funktioniert. Um das zu verhindern, baut man einen Überdehnschutz (Overtravel Stop) ein. Wegbereitend dafür war der Messermacher Rick Hinderer, der dazu außen eine kleine Scheibe anschraubte und das ganze Lock Bar Stabilizer nannte. Je nach Gestaltung des Griffs stört eine äußere Scheibe die Optik des Messers aber sehr. Daher haben mittlerweile die meisten Hersteller den Überdehnschutz nach innen verlegt. Er ist mit dem Lock Bar verschraubt und wird auf dem Weg nach außen von der Griffschale blockiert. Optisch ist der innere Überdehnschutz meist kaum sichtbar.

Beim Frame-Lock sieht man auf der Rückseite des Messers die aus dem Griff herausgearbeitete Sperrfeder. Deshalb lehnen ihn einige Messerfreunde aus ästhetischen Gründen ab. Für die meisten ist dagegen ausschlaggebend, wie breit der Schlitz zwischen Sperrfeder und dem restlichen Teil des Griffs

Bei Zusatzsicherungen für Frame-Locks verhindert ein Schieber, dass sich der Lock Bar nach außen bewegt.

gearbeitet ist: Bei hochwertigen Frame-Locks findet man meist weniger als einen Millimeter Spaltbreite, bei billigen Modellen ist der Spalt dagegen oft über zwei Millimeter breit – und dadurch recht hässlich.

Eine Lösung für dieses ästhetische Problem ist eine Variante des Frame-Locks, die man als Bolster-Lock bezeichnet. Der Griff ist dabei so gestaltet, dass der Großteil des Frame-Locks von aufgeschraubten Griffschalen abgedeckt wird. Die Arretierung ist dann nur an der Backe (= Bolster) des Messers sichtbar. Eine spezielle Variante des Frame-Lock-Systems ist als Sub-Frame-Lock bekannt. In die Griffschale wird hier ein Locking-Liner eingelegt, der sich zum Anschlag hin verbreitert und in einer Aussparung der Griffschale auf einer Länge von ein paar Zentimetern herausragt. Bei Klingenhebern für den Daumen kann es hier aber passieren, dass man beim Ausklappen unwillkürlich den Sub-Frame-Lock samt Detentball in die Klingenwurzel hineindrückt, so dass das Ausklappen behindert wird.

Um sicher zu arretieren, wird beim Frame-Lock empfohlen, dass der Lock Bar im Neuzustand mindestens 25 Prozent der Rampe (von oben gesehen) abdecken sollte. Beim Winkel gelten die gleichen Prinzipien wie beim Liner-Lock. Daher gibt auch die gleichen Probleme, wenn die Rampe nicht richtig gearbeitet ist. Insgesamt gilt der Frame-Lock aber als weniger versagensanfällig als der Liner-Lock.

Die Hersteller haben auch für Frame-Locks Zusatzsicherungen entwickelt, die bei vielen Modellen vorhanden sind. Sie funktionieren meist nach einem ähnlichen Prinzip wie LAWKS: Über einen kleinen Schieber wird eine Sperre zwischen Überdehnschutz und Griffschale gebracht – so kann sich der Lock Bar nicht von der Rampe nach außen wegbewegen. Je nach Hersteller gibt es für diese Sicherungen die verschiedensten Bezeichnungen. Auch Anordnung und Design der Schieber sind stark unterschiedlich, aber das Grundprinzip ist ziemlich gleich.

Wie beim Liner-Lock wird der mit der Zeit auftretende Verschleiß durch die Konstruktion kompensiert. Moderne Frame-Locks sind zudem meist noch mit einem separaten Anschlagstück ausgestattet. Dadurch gibt es kaum noch Verschleiß, aber der stärker verriegelnde Reibungseffekt des Titans fällt dann natürlich weg. Bei den neuen Generationen von Chris Reeve ist zum Beispiel vorne am Lock Bar eine kleine Kugel aus extrem harter, technischer Keramik eingearbeitet, die an der Klingenwurzel anschlägt und gleichzeitig auch als Detentball dient. Die meisten Hersteller schrauben kleine Anschlagstücke aus Stahl vorne an die Feder.

Diese sind oft so konstruiert, dass man sie auch verstellen kann, um die Arretierung zu justieren. Die verschraubten Anschlagstücke haben den Vorteil, dass man sie bei Bedarf gegen ein Ersatzteil austauschen kann. Bei vielen der modernen Folder sind sie obendrein so gestaltet, dass sie gleichzeitig als Überdehnschutz dienen.

Bei einem Frame-Lock aus Titan verhindert ein Anschlagstück aus Stahl den Verschleiß und dient meist auch von innen als Überdehnschutz.

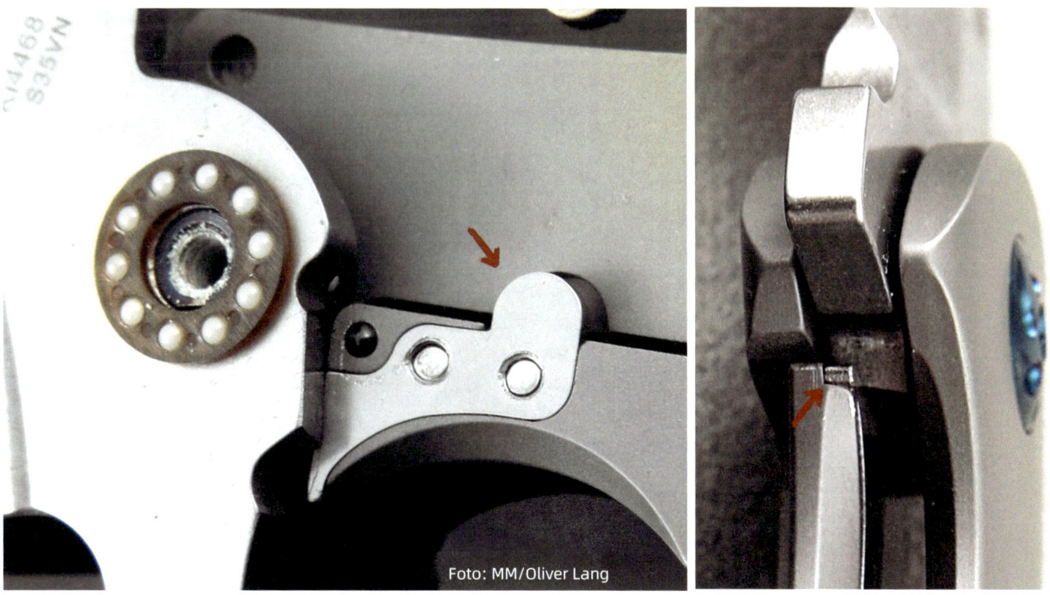

DER SPONTANKAUF

Während angeclipte Folder den meisten Menschen gar nicht auffallen, achten Messerfreunde ganz anders auf so etwas. Ein Clip erregt sofort Neugier: Man fragt sich, welches Messer da wohl in der Hosentasche steckt. Erfahrene Messerfreunde können recht häufig allein am Clip einen Hersteller erkennen. Bei mir führte solch ein neugieriger Blick auf den Clip einmal zu einem Spontankauf. Auf der Knife Show in Solingen schaute ich auf die Tasche von Messermacher Janusz „Micho" Kozolubski. Und was er dann hervorzog, löste sofort einen ungeheuren „Haben wollen"-Effekt bei mir aus.

Die Messer von Janusz sind unter anderem bei Polish Custom Knives erhältlich (polishcustomknives.com). Neben seinen eigenen Schöpfungen hat er auch viel Spaß daran, Premium-Serienmesser zu pimpen und auf einzigartige Weise zu verschönern. Am Abend ging ich mit einer leichteren Geldbörse, aber um einen echten Schatz reicher nach Hause.

Wie erfahrene Messerfreunde vielleicht erkennen, stand am Anfang dieses einzigartigen Folders ein Zero Tolerance 0560. Die Serienversion des Designs von Rick Hinderer ist mit einem Frame-Lock aus Titan, einer Frontschale aus 3D-gefrästem G-10 und einer kugelgelagerten Klinge aus Elmax-Stahl ausgestattet. Janusz versah Klinge und Clip mit einem per Bohrer von Hand erzeugten Muster. Die Titan-Bauteile wurden hitzecoloriert, die Frontschale mit einer neuen Struktur versehen und mit Stör-Leder überzogen, was dem Folder einen wirklich urwüchsigen Look verleiht. Als besonderer Leckerbissen wurde am Griffende noch ein kleiner Totenkopf eingearbeitet.

Back-Locks: Maserin *Nimrod* • Spyderco *Stretch* • CRKT *Graphite* (hier sieht man den von Glenn Klecker entwickelten Klecker-Lock: Bei dieser Variante des Back-Locks wird die Feder aus dem Stahlgriff heraus gearbeitet).

DER BACK-LOCK

Der Back-Lock gehört zu den altbewährten Arretierungs-Systemen und ist auch bei sehr vielen Old-School-Taschenmessern zu finden. Auch bei modernen Outdoor-Messern bevorzugt man häufig einen Back-Lock. Das liegt vor allem daran, dass sich der Back-Lock gegenüber Querbelastung, wie sie bei robusten Schnitzarbeiten vorkommt, als widerstandsfähiger als ein Liner- oder Frame-Lock erwiesen hat.

Bei klassischen Taschenmessern wie dem Buck *110* ist der Bedienungshebel am hinteren Ende des Griffs angebracht, beim modernen Practical Folder dagegen in der Mitte. Das erleichtert die einhändige Bedienung. Dieses Konzept wurde vor allem durch die ursprüngliche Version des Al Mar *SERE* populär. Um die Unterscheidung zum klassischen Back-Lock hervorzuheben, verwendete man für diese Versionen in den 1980ern und 1990ern Bezeichnungen wie Front-Lock oder Mid-Lock, aber das hat sich langfristig nicht durchgesetzt. Heute sagt man allgemein Back-Lock.

Beim Back-Lock wird das hakenförmige Ende eines Sperrhebels durch Federdruck in eine passende Aussparung der Klingenwurzel gedrückt. Die Arretierung dient gleichzeitig als Anschlag, einen gesonderten Stopp-Pin gibt es nicht. Beim geschlossenen Messer drückt der Haken auf die

DER BACK-LOCK

Hier sieht man den klassischen Aufbau des Back-Lock-Mechanismus.

Foto: Fronteddu/Steigerwald

Unterseite der Klingenwurzel und baut dadurch Widerstand gegen das Aufklappen auf. Auch wenn es in den Details – wie Größe von Haken und Aussparung, die Winkel, in denen diese gearbeitet sind, wie weit der Haken in die Aussparung greift – Unterschiede gibt, ist das Grundprinzip immer gleich. Sehr deutliche Differenzen findet man aber bei den Federn, die auf den Sperrhebel drücken – sie können auf verschiedene Arten konstruiert sein.*

Bei manchen modernen Back-Locks findet man auf dem Sperrhebel eine kleine Mulde. Sie dient als Ansatzpunkt für den Daumen und erleichtert die Bedienung. Diese Mulde wird nach dem Erfinder, dem US-Messermacher David Boye, als Boye Dent (= Boye-Mulde) bezeichnet und findet sich zum Beispiel bei fast allen Back-Locks von Spyderco.

Beim Back-Lock ist durch den Federdruck die Haltekraft der eingeklappten Klinge deutlich größer als beim Liner-Lock: Beim Öffnen des Messers muss man spürbar mehr Widerstand überwinden. Auch beim Entriegeln braucht man mehr Kraft. Knifflig ist das einhändige Zusammenklappen des Messers: Wenn der Daumen den Sperrhebel drückt, kann man den Zeigefinger nicht zum Einklappen der

* Alle wichtigen Details zur Arbeitsweise findet man im Buch *Back-Lock-Messer. Von der Konstruktion zum fertigen Klappmesser* von Stefan Steigerwald und Peter Fronteddu

Klinge einsetzen. Also muss man entweder die Klinge über ihren Rücken, zum Beispiel am Bein, in den Griff drücken. Oder man hält das Messer waagerecht und schüttelt es leicht, damit die Klinge nach unten schwingt. Das funktioniert aber nur verletzungssicher, wenn der Zeigefinger beim Einklappen durch einen vorhandenen Ricasso geschützt ist. Dann kann man sie mit dem Daumen wieder einklappen.

Insgesamt gesehen ist die Bedienung eines Liner-Lock-Messers deutlich komfortabler und einfacher als die eines Back-Lock-Messers. Je nach Konstruktion gibt es aber deutliche Unterschiede zwischen den Back-Locks. Das liegt nicht nur an der Anordnung des Bedienhebels, sondern auch an der Lagerung der Klinge und der Konstruktion der Feder. Moderne Back-Lock-Messer mit kugelgelagerter Klinge und weicher Federung lassen sich deutlich einfacher ein- und ausklappen.

Mit der Zeit kann es an der Kontaktstelle von Klingenwurzel und Sperrhaken zu Verschleiß kommen. Er macht sich vor allem dadurch bemerkbar, dass die Klinge leichtes radiales Spiel (in Drehrichtung) bekommt und der Hebel bei ausgeklappter Klinge tiefer in den Griff einsinkt. Bei zunehmendem Verschleiß des Hakens wird dadurch eventuell nicht mehr richtig arretiert.

Es kann auch passieren, dass sich Flusen und Schmutz aus der Hosentasche in der Aussparung der Klingenwurzel festsetzen, so dass der Haken nicht tief genug eindringen kann. Hier ist regelmäßige Reinigung erforderlich.

Die Anordnung des Back-Locks in der Griffmitte ermöglicht einhändiges Schließen (Spyderco *Stretch XL*).

Die genannten Probleme tauchen aber nur selten auf: Alles in allem ist der Back-Lock sehr sicher. Dennoch ist es unter extremen (!) Belastungen schon zum Versagen des Back-Locks gekommen – in der Regel bricht dann das Hakenstück oder das Gegenstück in der Klingenwurzel. Ob dieses Versagen in mangelnder Materialstärke oder eher in Materialfehlern begründet liegt, ist noch nicht hinreichend erforscht.

DER TRI-AD-LOCK

2008 präsentierte die US-Firma Cold Steel eine verbesserte Version des Back-Lock: Der Tri-Ad-Lock basiert auf einer Konstruktion des US-Messermachers

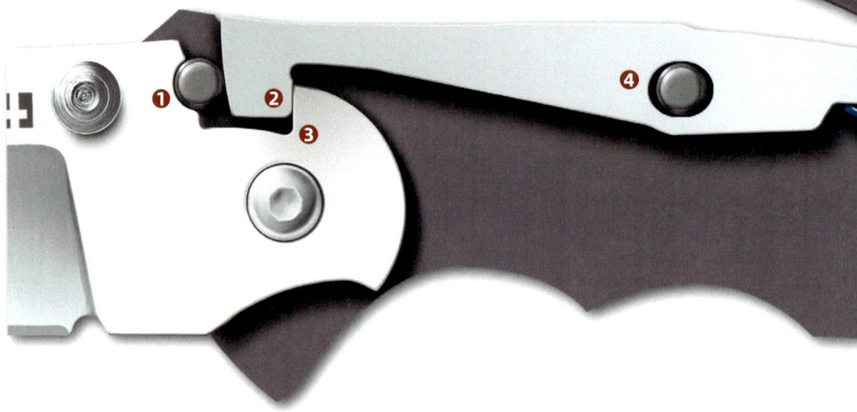

Details des Tri-AdLock-Systems:
1) zusätzlicher Stopp-Pin
2) leicht diagonal geformter Haken
3) Puffer gegen Verschleiß
4) Lagerung mit Puffer, die Verschleiß ausgleicht

John PerMar, dessen Patent von Cold Steel aufgekauft wurde, sowie den Weiterentwicklungen des Messerdesigners Andrew Demko, der viele Jahre für Cold Steel arbeitete. Seitdem werden die meisten Taschenmesser von Cold Steel mit dem Tri-Ad-Lock ausgestattet.

Der Tri-Ad-Lock ist im Material deutlich stärker gearbeitet als die meisten Back-Locks. Zudem sind beim Tri-Ad-Lock Haken und Aussparung im Kontaktbereich leicht diagonal geformt, so dass sie sich stärker verhaken. Diese Stelle ist auch mit deutlichem Puffer gearbeitet, so dass Verschleiß ausgeglichen werden kann.

Der entscheidende Unterschied zwischen Back-Lock und Tri-Ad-Lock ist ein zusätzlicher, starker Stopp-Pin, der zu einer Vertiefung in der Klingenwurzel passt. Das hat mehrere Effekte: Einerseits verteilen sich die Kräfte beim Anschlag besser, andererseits wird so auch der Verschleiß ausgeglichen. Druck auf die geöffnete Klinge – sowohl vom Rücken als auch von der Schneide

Nahezu alle Klappmesser von Cold Steel sind wie das *Espada* mit Tri-Ad-Lock ausgestattet.

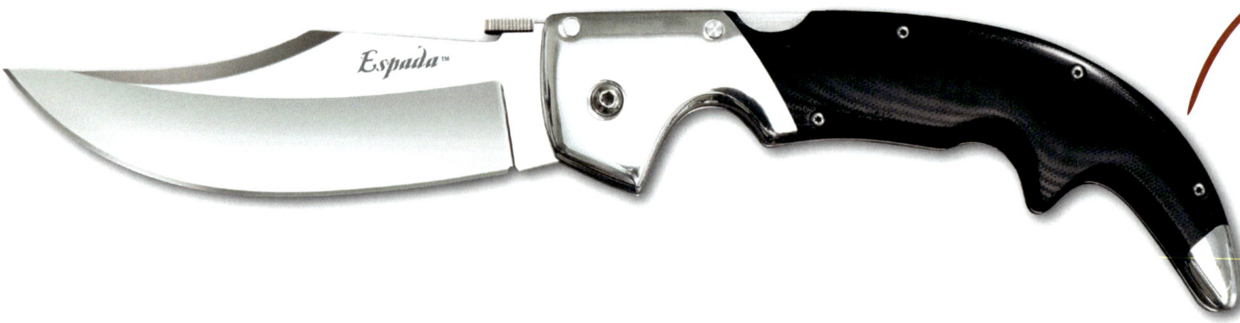

Um die Stabilität des Tri-Ad-Locks zu beweisen, hängte Cold Steel unter anderem einen ganzen Motorblock daran.

Fotos & Grafik: Cold Steel

DER MUDD-FOLDER

Gewöhnlich sind Practical Folder auf allgemeine Alltagsarbeiten ausgerichtet. Man findet aber auch Spezial-Konstruktionen für besondere Einsatzbereiche. Ein Beispiel dafür ist der vom Messermacher-Duo Grant & Gavin Hawk erdachte MUDD-Folder. Die Abkürzung steht für „Multi-Utility-Dirt-Defiant" und ist gleichzeitig auch ein Wortspiel mit dem englischen Begriff „mud" (= Schlamm). Vater und Sohn Hawk haben damit ein Messer für Arbeiten unter extrem schmutzigen, feuchten Bedingungen entworfen.
Ein Taschenmesser, dem Wasser, Sand und andere Elemente nichts ausmachen. Dafür wurden beim MUDD sowohl der Achsen-Mechanismus als auch die Arretierung und deren Bedienhebel rundum mit Gummidichtungen versehen. Das MUDD ist eine ebenso innovative wie einzigartige Konstruktion. Eine Serienversion wurde leider nur sehr kurze Zeit von Zero Tolerance produziert.

Foto: Sharp by Coop

her – wird durch den Anschlagstift auf den Rahmen geleitet, anstatt sich am Sperrhaken zu konzentrieren.

In Bezug auf Sicherheit hat sich der Tri-Ad-Lock als nahezu unkaputtbar erwiesen. Cold Steel demonstriert das gerne auf Videos mit extremen Belastungstests. Der Nachteil ist, dass sich der Tri-Ad-Lock spürbar schwerer entriegeln lässt – man benötigt dazu einen kleinen Trick: Wenn der Daumen auf den Bedienhebel drückt, muss der Zeigefinger auf derselben Höhe auf der gegenüberliegenden Griffseite als Widerlager platziert werden.

AXIS-LOCK & CO.

Verschiedene Arretierungs-Mechanismen basieren auf einem quer im Griff sitzenden, kurzen Stahlbolzen. Diese Mechanismen lassen sich größtenteils auf den 1998 durch Benchmade eingeführten Axis-Lock zurückführen. Die Erfinder des Axis-Locks waren die Messermacher Bill McHenry und Jason Williams, das System kam zum ersten Mal bei dem von ihnen konstruierten und entworfenen Benchmade *710* zum Einsatz. Das Messer war fast 20 Jahre einer der Bestseller von Benchmade, wird aber nicht mehr produziert.

Herzstück des Systems ist ein rund drei Millimeter starker Stahlbolzen, der quer im Griff sitzt. Beim Ausklappen wird der Querbolzen von zwei Omega-Federn in eine Aussparung der Klingenwurzel gedrückt.

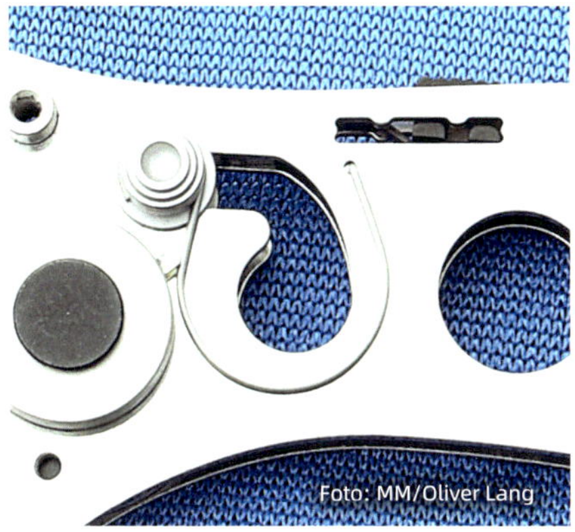

Foto: MM/Oliver Lang

Beim Axis-Lock läuft der Querbolzen in einer kurzen Führung und wird von der Feder gegen die Klingenwurzel gedrückt.

Diese Federn sind wie der griechische Buchstabe Ω geformt und sitzen in flachen Taschen in jeder Griffschale. Der Querbolzen läuft in einer kurzen Führungsschiene, die auf jeder Seite in die Liner eingearbeitet ist. Von außen kann man jeweils durch Schlitze in den Griffschalen auf den Bolzen zugreifen, Zum Entriegeln wird er gegen den Federdruck nach hinten von der Klingenwurzel weg gezogen.

Das legendäre Benchmade 710 war das erste Messer mit Axis-Lock.

Foto: Benchmade

Foto: Spyderco

WEITERE BOLZEN-SYSTEME

Im Lauf der Jahre sind viele Mechanismen auf den Markt gekommen, die wie der Axis-Lock auf einem gefederten Querbolzen basieren, sich aber in Details unterscheiden - zum Beispiel der Arc-Lock von SOG. Der Querbolzen ist hier nicht in einer geraden, sondern in einer gekrümmten Führung gelagert. Das System gewährleistet zusätzliche Sicherheit im geschlossenen Zustand, so dass sich die Klinge nicht versehentlich öffnen kann. Mittlerweile verwendet SOG den Arc-Lock nicht mehr, das aktuelle System XR-Lock entspricht weitgehend dem Axis-Lock.
Andere Arretierungen basieren auf ähnlichen Prinzipien wie der Axis-Lock, verwenden aber keine Omega-Federn und Querbolzen. Beim Ball-Bearing-Lock von Spyderco zum Beispiel wird eine rund vier Millimeter starke Stahlkugel von einer Spiralfeder in eine Aussparung in der Klingenwurzel gedrückt (Foto). Zum Entriegeln wird die Kugel gegen die Feder zurückgezogen - bei feuchten Händen ist das nicht einfach, erst recht nicht mit Handschuhen. Seit einigen Jahren fasst Spyderco die Kugel deshalb zwischen zwei Schieber ein - so kann man den Ball-Bearing-Lock sehr einfach bedienen, aber die Details des pfiffigen Mechanismus nicht mehr sehen.
Der Bolt-Action-Lock ist ähnlich, spielt aber eine Sonderrolle. Er ist eine Erfindung des verstorbenen Messermachers Walther „Blackie" Collins und ist älter als der ursprüngliche Axis-Lock. Es handelt sich hier um einen Stahlbolzen, der nicht quer, sondern längs im Griff sitzt ,und von einer Spiralfeder bewegt wird.

Beim Ausklappen rutscht der Bolzen über die Rundung und wird dann von der Feder von hinten in die Klingenwurzel gedrückt. Mechanisch ist der Querbolzen sehr stabil.

Der Axis-Lock ist ein sehr starkes und sicheres Arretierungs-System, das einer Menge Druck standhält – es müssten entweder der Querbolzen selbst oder die Liner nachgeben. Verschleiß wird von selbst reguliert, da die Federn den Querbolzen einfach etwas weiter die Rampe auf der Klingenwurzel hinauf schieben. Nur bei sehr intensivem Gebrauch kann es im Lauf der Jahre dazu kommen, dass die Federn etwas ihrer Spannkraft verlieren und eventuell ausgetauscht werden müssten.

Neben der hohen Sicherheit ist der große Vorteil, dass der Axis-Lock sehr einfach und intuitiv zu bedienen ist – und zwar gleichermaßen von Rechts- und Linkshändern. Zudem liegen die Finger beim Einklappen auch nicht im Weg der Klinge. Aus Sicht vieler Messerfreunde stellt der Axis-Lock eine sehr gute Kombination aus hoher Sicherheit und hohem Bedienkomfort dar. Der grundlegende Patentschutz des Axis-Locks ist mittlerweile abgelaufen, aber der Name ist noch rechtlich geschützt.

Mittlerweile gibt es etliche Hersteller, die ihre eigenen Versionen des Axis-Lock-Systems entwickelt haben: zum Beispiel Slide-Lock (Real Steel), Able-Lock (Hogue) oder A-Lock (Acta Non Verba). In der Messer-Community sucht man daher nach einem Sammelbegriff für die mit dem Axis-Lock praktisch baugleichen Systeme. Viele Messerfans verwenden inzwischen den sachlich sehr treffenden Begriff Crossbar-Lock.

SONSTIGE ARRETIERUNGEN

Compression-Lock

Dabei handelt es sich um ein spezielles Arretierungs-System von Spyderco, das bei den Modellen verbaut wird, die auf besondere Sicherheit ausgelegt sind. Auf den ersten Blick sieht es so aus, als wäre es einfach ein auf den Kopf gestellter Liner-Lock. Der Mechanismus funktioniert aber anders: Die Sperrfeder verkeilt sich zwischen Klingenwurzel und Stopp-Pin – so ist ein Abrutschen kaum

Links: Nach Auslaufen des Patents bringen zunehmend mehr Firmen eigene Versionen des Axis-Locks auf den Markt (Acta non Verba *A200* • Real Steel *Huginn* • Herbertz *Selektion*).

Beim Compression-Lock wird die Sperrfeder zwischen Stopp-Pin und Klingenwurzel verkeilt.

möglich. Viel wichtiger ist aber, dass die vertikal auf die Klinge wirkenden Kräfte durch den Anschlagstift in die Liner abgeleitet werden.

Der Compression-Lock ist zuverlässiger und robuster als Liner- und Frame-Lock. Zusätzlich hat man den Vorteil, dass die Finger nicht im Einklapp-Weg der Klinge liegen. Die Bedienung ist aber nicht ganz so einfach und etwas gewöhnungsbedürftig. Besonders bei Flippern kann es vorkommen, dass man sich beim Öffnen des Messers anfangs die Fingerspitze im einrastenden Compression-Lock einklemmt.

Deadbolt-Lock

Der Deadbolt-Lock, von Messermacher Flavio Ikoma entwickelt, ist ein Arretierungs-System, welches bei den Messern von CRKT verwendet wird. Während die Bedienung durch Druck auf die Achsenschraube an die legendären Paul Knives erinnert, verbirgt sich dahinter ein völlig anderer Mechanismus. Herzstück ist ein massives Ankerstück aus Stahl, das auf der rechten Seite komplett durch die Griffschalen ragt. Im geschlossenen Zustand wird dieser Anker durch die Klingenwurzel nach außen gedrückt.

Wird die Klinge ausgeklappt, rutscht der Anker nach innen. Dabei greift ein Arm des Ankers durch eine Aussparung im rechten Liner und in der Klingenwurzel, der zweite Arm reicht bis durch den linken Liner. Die Klinge wird also gleichzeitig an drei verschiedenen Stellen verankert. Durch Druck auf die gefederte Abdeckung der Achsenschraube wird der Anker wieder nach außen gedrückt, die Klinge kann einklappen.

Der Deadbolt-Lock ist mechanisch äußerst stabil. Es müssten schon Liner

Foto & Grafik: CRKT

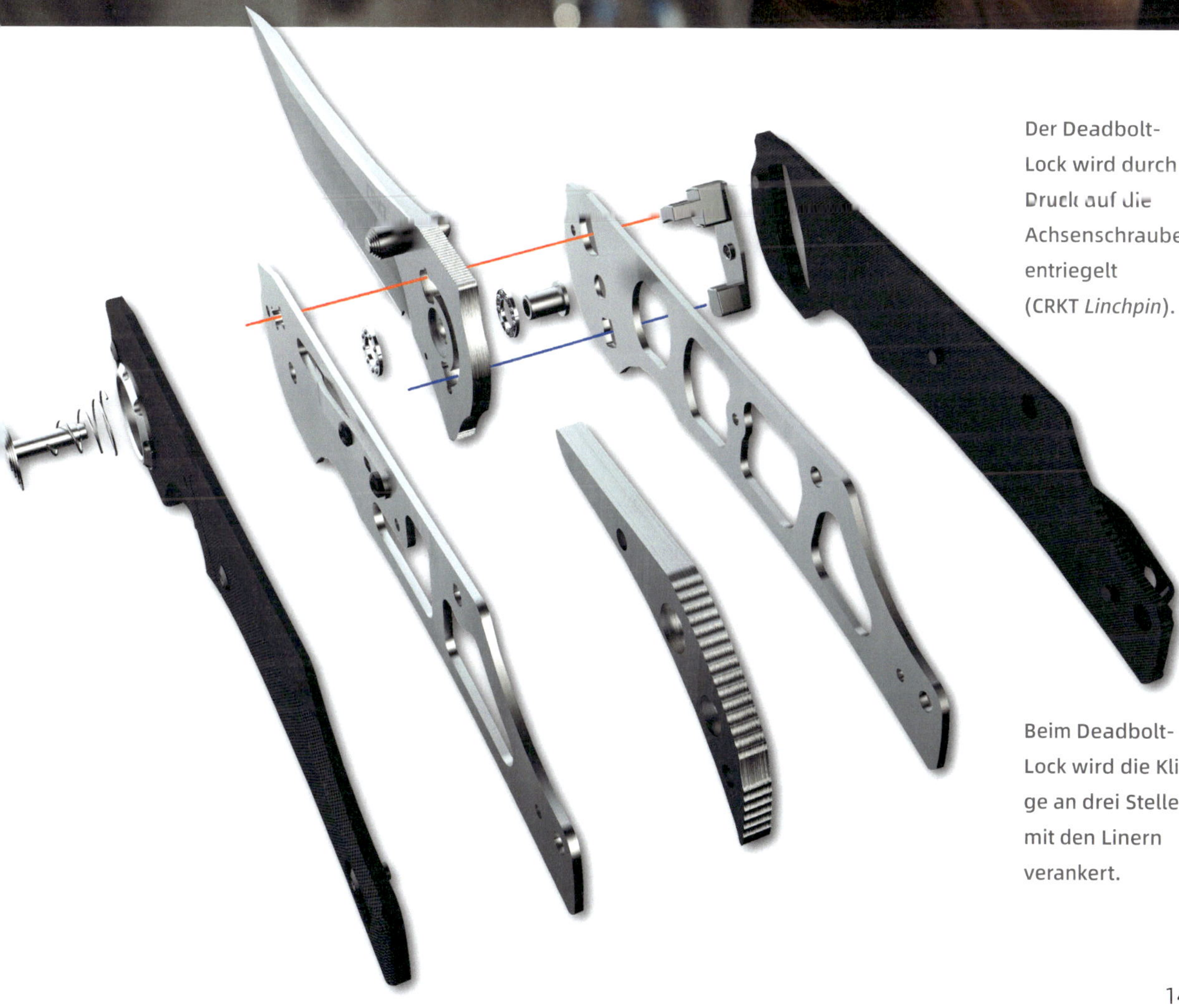

Der Deadbolt-Lock wird durch Druck auf die Achsenschraube entriegelt (CRKT *Linchpin*).

Beim Deadbolt-Lock wird die Klinge an drei Stellen mit den Linern verankert.

Herzstücks des Button-Locks ist ein gefederter Stahlbolzen mit konischer Verdickung.

und/oder Klingenwurzel brechen, damit er versagt – und dass die Konstruktion an mehreren Stellen gleichzeitig bricht, ist ziemlich abwegig. In meinen eigenen Praxistests hielt der Deadbolt-Lock, was er verspricht. Das Durchhacken von Ästen war mit der Arretierung absolut kein Problem. Auch ein sehr rabiater Spinewhack-Test ließ den Deadbolt-Lock völlig unbeeindruckt: Trotz brutaler Schläge mit dem Klingenrücken auf ein Holzbrett gab die Arretierung nicht einen Millimeter nach.

Abgesehen von der extremen Zuverlässigkeit hat der Deadbolt-Lock noch weitere Vorteile: Zum einen lässt er sich wirklich intuitiv und sehr einfach bedienen. Durch die Größe des Druckknopfs ist sogar das Entriegeln mit Handschuhen problemlos möglich. Und ganz wichtig: Die Finger liegen nicht im Weg der einklappenden Klinge. Der einzige Nachteil des Deadbolt-Locks ist, dass das Ankerstück in der hinteren Griffschale die Optik stört.

Button-Lock

Dieser Mechanismus wird über einen Druckknopf auf der Griffschale bedient. Er mündet in einen konisch geformten, gefederten Bolzen. Im Ruhezustand drückt der Bolzen in eine Rastposition

Die Verdickung des Bolzens greift in eine Aussparung der Klingenwurzel.

Drei Messer mit Button-Lock (Hogue *EX-03* • Spartan *Pallas* • Civivi *Cogent*).

der Klingenwurzel. Er hält die Klinge im Griff, ohne sie zu arretieren. Während des Ausklappens wird der Bolzen durch die Klingenwurzel gegen den Federdruck ein Stück weit in die Griffschale hineingeschoben. Sobald die Klinge voll ausgeklappt ist, drückt die Feder den Bolzen in eine Aussparung der Klingenwurzel. Dadurch wird die Klinge arretiert. Zum Entriegeln drückt man den Bolzen dann über den äußeren Druckknopf wieder in die Schale zurück.

Ein richtig konstruierter Button-Lock ist ein sicheres und vor allem sehr komfortabel zu bedienendes Arretierungssystem. Auch hier ist einer der großen Vorteile, dass die Finger beim Entriegeln nicht in der Einklappbahn der Klinge liegen. Die Bedienung ist sehr intuitiv und einfach, weil der Federdruck meist nicht sehr hoch ist.

Allerdings ist der Button-Lock relativ empfindlich gegenüber Fasern und Fusseln: Wenn das Messer längere Zeit unbenutzt in der Hosentasche getragen wird und sich Fasern in der Aussparung in der Klingenwurzel festsetzen, kann es sein, dass der Bolzen nicht weit genug eindringt und dadurch die Klinge nicht richtig arretiert. Deshalb sollten Button-Lock-Messer regelmäßig gewartet und gereinigt werden.

Ein weiteres Problem ist ein ungünstig konstruierter Button-Lock: Zum Beispiel, wenn er nicht tief genug in die Aussparung der Klingenwurzel eindringen kann, so dass versehentlicher leichter Druck auf den Bedienknopf zum Entriegeln führt. Für die Durchführung von schweren Schneidarbeiten versieht die Firma Hogue ihre Modelle auch mit einer Zusatzsicherung, die das Einklappen des Button-Locks verhindert.

Verschiedene Arretierungs-Systeme: Bolster-Lock (Liong Mah *Get Shit Done*), Axis-Lock (Benchmade *710*), Frame-Lock (Defcon *Mako*), Button-Lock (Real Steel *Griffin*), Compression-Lock (Sypderco *Amalgam*) und Klecker-Lock (CRKT *Tighe Rod*).

CRKT.

KIZER

KAPITEL 7

MIT EINER HAND: ÖFFNUNGS-MECHANISMEN

„Bereit sein ist alles!"

- William Shakespeare -

Einhändige Bedienung ist ein wesentliches Element der Practical Folder. Vor allem für Einsatzkräfte ist sie unverzichtbar: „Ich kann nur immer wieder betonen, dass es in vielen Situationen maßgeblich ist, das Messer einhändig bedienen zu können", führt hierzu SEK-Veteran und Polizei-Experte Jürgen Sohnemann aus, der zusammen mit dem Messermacher Uli Hennicke das Spyderco *Ulize* entwickelte. Aber auch die zivilen Nutzer haben den praktischen Vorteil von einhändiger Bedienung für Arbeit, Freizeit und Alltag schon lange erkannt.

Einhandmesser sind viel komfortabler zu bedienen als Old-School-Taschenmesser – das allein ist schon ein völlig ausreichender Grund, um sie zu bevorzugen. Zudem sind sie auch sicherer: Eine häufige Ursache von Schnittverletzungen ist, dass man das Schnittgut nach dem Schneiden weiter festhalten muss, ein traditionelles Taschenmesser nicht gefahrlos einklappen kann und es deshalb geöffnet zur Seite legt. Sobald man das Messer wieder braucht, greift man danach – und fasst dabei leider oft in die scharfe Klinge. Bei einem Einhandmesser passiert das nicht, weil man es einklappen kann, ohne das Schnittgut loszulassen.

Zur einhändigen Bedienung gehört nicht nur das Ausklappen, sondern auch das Einklappen. Und wie wir im letzten Kapitel gesehen haben, sind einige Systeme wie Liner-, Frame-, Button- oder Axis-Lock sowohl für einhändiges Öffnen als auch Schließen des Messers deutlich besser geeignet als andere Systeme wie etwa der Back-Lock. Die komfortable – ebenso zügige wie geschmeidige – einhändige Bedienung eines Taschenmessers hängt insgesamt von vier zusammenwirkenden Faktoren ab:

- Arretierungssystem
- Klingenlager
- Einstellung des Klingengangs
- Konstruktion des Klingenhebers

Linke Seite: Der Flipper wurde in den letzten Jahren zum beliebtesten Öffnungs-mechanismus.

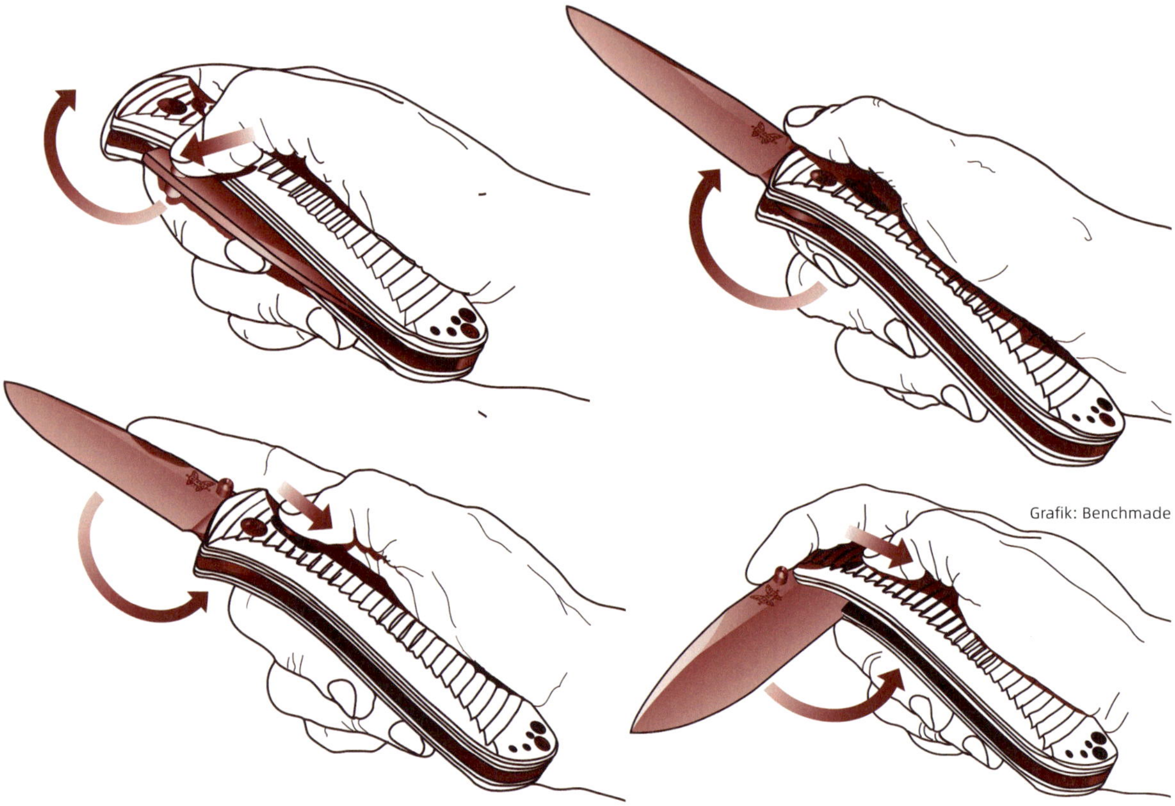

Grafik: Benchmade

Zur einhändigen Bedienung gehört neben dem Öffnen auch das Schließen – hier am Beispiel des Axis-Locks.

KLINGENLAGER

Vom Klingenlager hängt sehr stark ab, ob der Klingengang richtig funktioniert: Bewegt sich die Klinge auf der vorgesehenen Bahn geschmeidig zwischen den Griffschalen? Es geht also darum, die Reibung möglichst zu verringern. Es gibt zwei Typen von Klingenlagern: Gleitscheiben und Kugellager.

Gleitscheiben – oft auch mit dem englischen Begriff Washer benannt – sollten im Durchmesser möglichst groß sein. Je größer der Durchmesser, desto besser verteilt sich der Druck und desto geschmeidiger läuft die Klinge und desto besser lässt sich auch der Klingengang justieren. Washer können aus den verschiedensten Materialien bestehen. Bei preisgünstigen Messern werden sie oft aus Kunststoff gefertigt. Bei vielen Modellen bestehen sie aus Teflon, das von Bratpfannen für seine Anti-Haft-Eigenschaften bekannt ist. Teflon kann auch ganz kleine Schmutzpartikel aufnehmen und erfordert deshalb nur wenig Wartung. Allerdings ist Teflon nicht sehr druckstabil, was sich besonders bei dünneren Gleitscheiben bemerkbar macht: Die seitliche Stabilität der Klinge ist nicht sehr hoch, so dass man die Achsenschraube stärker anziehen muss – wodurch wieder der Klingengang strenger wird.

Bei hochwertigen Messern bestehen die Washer aus Bronze (genauer gesagt Phosphorbronze). Bronze ist deutlich druck- und formstabiler als Teflon,

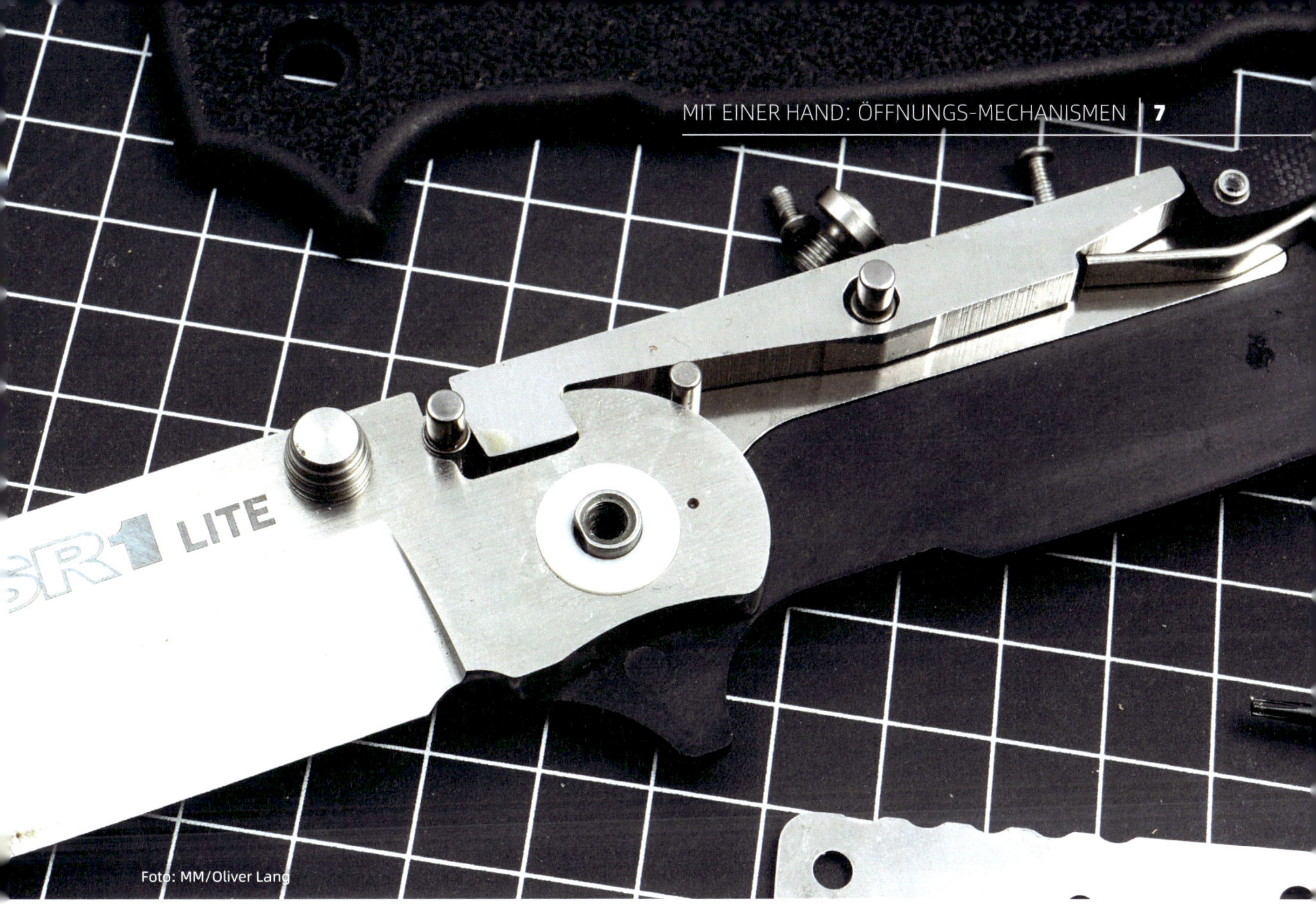

Foto: MM/Oliver Lang

kleine Schmutzpartikel werden aber nicht aufgenommen. Deshalb ist Bronze anfälliger gegen Verschmutzung und erfordert mehr Wartung. Allerdings hat Bronze den großen Vorteil, dass es hier zu weniger seitlichem Spiel der Klinge kommt. Der Klingengang lässt sich feiner justieren, und es muss auch seltener nachgestellt werden.

Zunehmend häufiger findet man bei modernen Taschenmessern Kugellager statt Gleitscheiben. Dadurch wird die Reibung deutlich verringert. Die Klinge läuft geschmeidiger, und Kugellager erfordern auch weniger Wartung: Während Gleitscheiben aus Teflon oder Bronze regelmäßig geschmiert werden sollten, ist das bei Kugellagern seltener nötig. In der Regel ist eine Wartung nur bei Verschmutzung des Mechanismus wichtig. Es existieren einige Varianten einer Kugellagerung für Messerklingen. Zu den verbreitesten zählt das von den brasilianischen Messermachern Flavio Ikoma und Rick Lala (Korth Knives) entwickelte IKBS (Ikoma Korth Ballbearing System). Bei hochwertigen Messern kommen heute meist Kugellager aus technischer Keramik zum Einsatz.

Es gibt unter Messerfreunden auch kritische Stimmen zu Kugellagern. Sie seien gegenüber seitlichem Spiel der Klinge weniger stabil als Bronze-Washer. Das seitliche Spiel liegt aber weniger an den Kugellagern an sich, sondern eher an der Bauweise von Klingenwurzel und Griffschalen und deren Zusammenspiel mit dem Kugellager – also daran, ob die

Teflon-Washer beim *SR1 Lite* von Cold Steel. Die Details des Tri-Ad-Locks sind deutlich zu erkennen.

KUGELLAGER

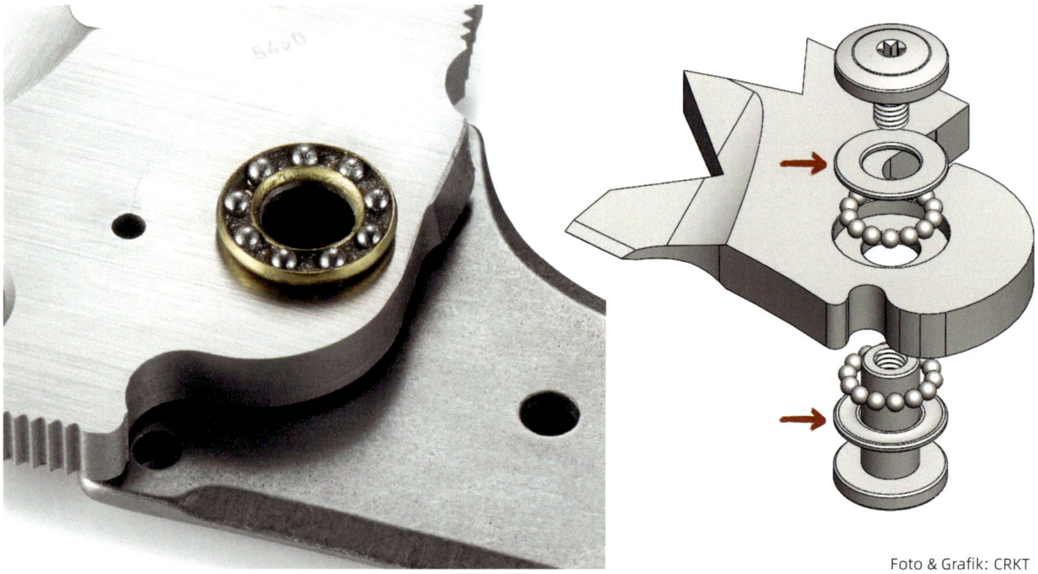

Foto & Grafik: CRKT

Kugellager für Taschenmesser können auf verschiedene Art konstruiert sein. Beim IKBS-System von Flavio Ikoma und Rick Lala sind zusätzliche Unterlegscheiben vorhanden.

Rechte Seite: Das CRKT *Fossil* war eines der ersten Taschenmesser, bei dem IKBS-Kugellager verbaut wurden.

Lagerung richtig konstruiert und das Kugellager richtig eingepasst wurde. Das gilt übrigens genauso bei normalen Washern. Auch hier können sich bei falscher Konstruktion und/oder Fertigung Probleme mit seitlichem Spiel und dem Klingengang ergeben. Zudem muss man auch immer den bestimmungsgemäßen Gebrauch beachten: Kugelgelagerte EDC-Flipper sind einfach nicht als Brechstangen für Einsätze mit hoher Querbelastung ausgelegt.

Ein weiteres, gegen Kugellager vorgebrachtes Argument ist der Verschleiß: Bei Dauergebrauch würden sie Rillen in die Klingenwurzel fräsen, so dass es zu nicht mehr justierbarem seitlichem Spiel komme. Tatsächlich sieht man beim Auseinandernehmen häufig gebrauchter Flipper manchmal auch deutliche Rillen, die die Lagerkugeln – vor allem keramische – in den Linern hinterlassen haben. Diese bestehen nämlich aus relativ weichem Stahl oder Titan. Solche Rillen entstehen bei ausgiebigem „Dauer-Flippen", sind aber in aller Regel nicht so tief, dass dadurch in der Praxis relevante Probleme wie nicht mehr justierbares Klingenspiel auftreten. In den wenigen Fällen, die

CRKT.
CRKT.

Foto: Pohl Force

Das Justieren des Klingengangs ist sehr wichtig. Hier legt Designer Dietmar Pohl in der Werkstatt von Lion Steel selber Hand an.

Foto: MM/Oliver Lang

Um seitliches Spiel zu vermeiden, ist es wichtig, dass das Kugellager gut eingepasst wird.

Eine eingeklappt genau mittig im Griff sitzende Klinge deutet auf eine hochwertige Fertigung hin.

zu beobachten sind, ist ein Materialfehler als Ursache viel wahrscheinlicher als das Kugellager an sich. Bei hochwertigen Messern finden sich meist zusätzliche Unterlegscheiben zwischen Kugellager und Liner, die man bei eventuellem Verschleiß austauschen kann.

KLINGENGANG

Insbesondere bei Liner-Lock- und Frame-Lock-Modellen, aber auch bei anderen Konstruktionen kommt es nicht selten vor, dass sich der Klingengang bei regelmäßiger Benutzung verändert oder schon ab Werk falsch eingestellt ist. Typische Beispiele sind:

- die Klinge sitzt nicht mittig zentriert im Griff, wird an den gegenüberliegenden Liner gedrückt und schabt beim Aus- und Einklappen daran entlang
- die Klinge klemmt, öffnet sich nicht gleichmäßig, nur langsam oder es ist viel Kraft nötig
- die Klinge entwickelt seitliches Spiel, es gibt Probleme mit der Arretierung

In solchen Fällen kann man den Klingengang durch Lockern oder Anziehen der Achsenschraube justieren. Allerdings muss das innerhalb einer bestimmten Toleranz erfolgen, damit das Messer richtig funktioniert. Beim Einstellen bieten Kugellager einen deutlich größeren Toleranzbereich als Teflon- oder Bronze-Washer: Man kann hier die Achsenschraube fester anziehen. Wenn sich die Probleme durch Justieren der Achsenschraube nicht lösen

EMERSON WAVE

Der Wave (= Welle) ist ein spezieller Klingenheber, der von Ernest Emerson erfunden wurde. Der Gründer von Emerson Knives formte zusätzlich zur Daumenscheibe am hinteren Ende des Klingenrückens einen wellenförmigen Haken aus. Wenn man das Tip-up getragene Messer beim Ziehen nach hinten führt, verhakt sich der Wave im Rand der Hosentasche: Durch die Ziehbewegung wird die Klinge dann gleich ausgeklappt. Der Wave hat allerdings auch einen Nachteil: Regelmäßige Benutzung führt zu einem hohen Verschleiß an der Hose, der Taschensaum franst sehr schnell aus.

HEBELWIRKUNG

Damit ein Klingenheber richtig funktioniert, muss er genug Abstand und Höhenversatz zur Achsenschraube haben.

Foto: CRKT

lassen, hilft es manchmal, die Lager von der einen Seite zur anderen auszutauschen, sofern sie den gleichen Durchmesser haben.

Wenn die Klinge nicht geschmeidig läuft, sollte man es vor dem Justieren der Achsenschraube erst einmal mit ein wenig Öl versuchen. Auf keinen Fall sollte man hier x-beliebiges Öl aus dem Baumarkt verwenden. Die großen Messeranbieter haben zu diesem Zweck hochwertiges Spezial-Öl im Sortiment. Meistens sind die Ölspender auch mit einer feinen Kanüle ausgestattet, mit der man an die Achsen gelangt, ohne das Messer komplett auseinander nehmen zu müssen oder in Öl zu ertränken. Alternativ kann man das Öl auch in einer feinen Spritze aufziehen und so genau dosieren.

Viele Achsenmuttern sind auf einer Seite mit einer Abflachung versehen, die verhindert, dass sie sich mit der Schraube drehen. Wenn sich die Mutter mitdreht, presst man am besten auf der gegenüberliegenden Seite einen Radiergummi fest gegen den Kopf. Er erzeugt in der Regel genug Haftung, um die Schraube drehen zu können.

KLINGENHEBER

Bei den per Daumen bedienten Klingenhebern unterscheidet man mehrere Grundformen. Für die komfortable einhändige Bedienung ist aber nicht nur die Form entscheidend, sondern die gesamte Konstruktion des Klingenheber-Systems. Das bedeutet, dass der

Folder mit Daumenstift: United Cutlery *Wolfhound* • Benchmade *Snody Gravitator* • CRKT *My Tighe* • Real Steel *S6*.

Klingenheber unabhängig von seiner Form auch

- genug Hebelwirkung entfalten muss
- für den Daumen gut zugänglich sein muss

Je länger der Hebel, desto kleiner der Kraftaufwand. Dieses physikalische Gesetz gilt auch für die Einhandbedienung und bedeutet in unserem Fall: Je größer der Abstand zwischen Klingenheber und Klingenachse, desto kleiner der Kraftaufwand. Allerdings verlängert sich dadurch der Weg, den der Daumen zurücklegen muss. In der Praxis ist auch der Höhenversatz zur Klingenachse wichtig. Diesen Maßen sind durch die Breite des Messers und die Länge des Daumens Grenzen gesetzt.

Man erkennt sehr schnell, wenn der Abstand zu klein ist: Man hat dann Mühe, den Klingenheber zu bedienen. Das ist besonders bei sehr schlanken und zierlichen Messern der Fall. Schlanke Messer lassen sich daher am besten per Flipper öffnen, weil dort die Hebelwirkung auf andere Weise zustande kommt.

Um sich gut bedienen zu lassen, muss der Klingenheber des geschlossenen Messers auch möglichst gut für den

Daumen zugänglich sein. Als Lösung für dieses Problem werden in die Griffschalen Ausschnitte und Abflachungen eingearbeitet, die den Klingenheber besser zugänglich machen und den Daumen auch dorthin leiten.

Bei Klingenhebern, die auf klassische Weise mit dem Daumen bedient werden, findet man drei Grundtypen:

- Daumenstift
- Daumenscheibe
- Daumenloch

Der Daumenstift ist der am weitesten verbreitete Typ. Meistens ist er an beiden Seiten angebracht, so dass ihn auch Linkshänder bedienen können. Einseitige Daumenstifte findet man glücklicherweise nur noch selten. Bei günstigen Modellen ist der Daumenstift oft fest verklebt, bei höherwertigen Messern verschraubt.

Bob Terzuolas *ATCF* und viele weitere Messer sind nicht mit einem Daumenstift, sondern einer Daumenscheibe ausgestattet. Diese Scheibe ist horizontal auf dem Klingenrücken montiert. Bei modernen Serienmessern sind beispielsweise die Messer von Emerson grundsätzlich mit einer Daumenscheibe versehen. Gegenüber dem

Folder mit Daumenscheibe: CRKT *Falcon* • Pohl Force *Mike Five* • Kershaw *CQC-10K*.

Daumenstift hat die Scheibe den Vorteil, dass sie mit Handschuhen deutlich einfacher zu bedienen ist – deshalb sind auch die langjährig bewährten *PRT*-Rettungsmesser von Eickhorn (*Pocket Rescue Tool*) mit einer großen Daumenscheibe versehen. Meistens sieht man die Form einer runden Scheibe mit gerändeltem Rand, es gibt aber auch ausgefallen gestaltete Designerstücke.

Das Daumenloch geht auf Spyderco und das erste moderne Einhandmesser zurück. Spyderco-Gründer Sal Glesser suchte für die einhändige Bedienung nach einer Alternative zum Daumenstift. Nach seiner Meinung konnte sich dieser nicht nur beim Ziehen des Messers in der Hosentasche verhaken, sondern war auch beim Schneiden im Weg. Letzteres passiert aber nur dann, wenn man etwas wirklich Großflächiges schneiden muss – etwa eine Scheibe Brot abschneiden. Sal tüftelte jedenfalls 1980 an einer anderen Lösung. Seine Idee war, nicht etwas anzuschrauben, sondern etwas wegzunehmen.

Nach mehreren Versuchen, auf beiden Seiten der Klinge Vertiefungen

Ein großes Daumenloch ist extrem funktional, beeinflusst aber auch die Optik des Folders sehr stark.

Foto: Spyderco

einzuarbeiten, kam es schließlich zu einem kompletten Durchbruch – und daraus wurde dann schließlich das große runde Daumenloch. Während man Daumenlöcher in verschiedenen Formen auch bei anderen Marken findet, hat sich Spyderco das exakt kreisrunde Daumenloch rechtlich schützen lassen. Es wurde zum Markenzeichen des Herstellers. Sogar bei den feststehenden Spyderco-Messern findet sich immer ein kleines rundes Loch in der Klinge, obwohl es keinerlei Funktion besitzt.

Funktional ist das Daumenloch eine ebenso einfache wie praktische Lösung. Ästhetisch sehen das viele Messerfreunde anders, denn das Daumenloch beeinflusst die Messeroptik so stark wie kein anderer Klingenheber. Es wird meist zum beherrschenden Element des Messers und führt oft zu den für Spyderco typischen blattförmigen oder fast dreieckigen Klingen-Profilen oder zu deutlichen Ausbuchtungen. Nur selten gelingt die Gestaltung so, dass sich ein großes Daumenloch unauffällig in die Gesamtoptik einfügt.

Verschiedene Daumenlöcher: Real Steel *Havran* • Buck *Marksman* • Böker Plus *Masada* • Real Steel *Fossil*.

Ausgeklappt fungiert der Flipperhebel oft als Handschutz, eingeklappt steht er am Griffrücken etwas hervor (WE Knife *601*).

FLIPPER

Der Flipper ist derzeit der populärste Öffnungsmechanismus unter den Einhandmessern. Kugelgelagerte Klingen haben ihm zu einem ungeahnten Siegeszug verholfen. Bis zur Einführung der Kugellager standen normale Klingenheber und Flipper einander noch ziemlich gleichbedeutend gegenüber. Heute besteht der Großteil der jährlich neu auf den Markt kommenden Taschenmesser aus Flipper-Modellen.

Der Flipper ist eine Verlängerung der Klingenwurzel, die als kleiner Hebel aus dem Griffrücken hervorragt. Das englische Verb „to flip" kann sowohl schnippen, wegschnipsen, etwas umdrehen, sich überschlagen oder etwas aufschlagen bedeuten – was alles gleichermaßen auf den Mechanismus zutrifft. Wenn man die Form des Flippers betrachtet, kann man den Namen sogar von der wörtlichen Übersetzung „Flosse" herleiten.

Flipper wird nicht nur als Bezeichnung für den Mechanismus, sondern auch als Oberbegriff für diese Art Messer benutzt. Der herausragende Flipperhebel wird manchmal auch konkreter als Flipper Tab bezeichnet, aber meist sagt man einfach nur Flipper.

Der Flipper funktioniert durch Hebelwirkung. Man zieht an dem herausragenden kurzen Arm, und die Klinge schwingt um ihre Achse herum aus dem

Bei kugelgelagerten Klingen reicht ein leichtes Ziehen am Flipperhebel, damit die Klinge aufschwingt.

DAUMENSTIFT VS. FLIPPER

Was im Alltag und in der Freizeit keinen großen Unterschied macht, sieht in Notsituationen ganz anders aus: Viele professionelle Anwender ziehen die klassischen Klingenheber für den Daumen einem Flipper vor. Das liegt daran, dass das Messer beim Öffnen unterschiedlich sicher in der Hand liegt.
Um den Flipper bedienen zu können, opfert man eine möglichst sichere Handlage: Der Zeigefinger, der normalerweise das ergonomische Widerlager für den Daumen bildet, fehlt hier, weil er den Flipper bedient. In Notsituationen kann das fatal sein. An Messern, die sowohl einen klassischen Klingenheber als auch einen Flipper besitzen, kann man das sehr gut selbst ausprobieren.
Wer mehr dazu wissen will: Der amerikanische Messer-Experte Michael Janich hat eine umfangreiche Analyse verschiedener Öffnungs-Methoden aus taktischer Sicht durchgeführt. Sie ist auf DVD und als Stream erhältlich:
Martial Blade Concepts Vol. 6: A Complete Guide to Carrying and Drawing Tactical Folding Knives (www.martialbladeconcepts.com).

E771 Sea eagle

Griff heraus. Bei Washer-Lagerung ist manchmal noch etwas zusätzlicher Schwung aus dem Handgelenk nötig, bei Messern mit Kugellager reicht ein kurzer Zug am Hebel. Diese Bedienungsmethode ist nicht nur sehr einfach, sondern macht vor allem bei Kugellagern jede Menge Spaß: Flipper sind die Einhandmesser, die den größten Spielfaktor aufweisen – und schon allein deshalb besonders beliebt.

Der Flipperhebel kann unterschiedliche Formen haben, oft ist er auch leicht geriffelt, damit der Zeigefinger besser Halt findet. Im ausgeklappten Zustand dient der Flipperhebel auch als Schutz für den Zeigefinger, damit dieser beim Arbeiten nicht auf die Klinge rutscht. Der Flipperhebel kann verschieden lang sein: Form und Größe wirken sich nicht nur auf die Optik aus, sondern auch darauf, wie gut sich das Messer tragen und ziehen lässt. Ungünstig geformte Flipper können sich im Stoff der Hosentasche verhaken. Bei gut gelagerten und eingestellten Klingen reicht ein relativ kurzer Flipperhebel aus.

Um einen in der Tasche störenden Flipperhebel zu verhindern, haben sich Messermacher und -industrie mehrere Lösungen einfallen lassen. Zum einen ist da der Front-Flipper. Er besteht auch aus einem Fortsatz der Klingenwurzel, der jedoch am vorderen Griffende herausragt. Je nach Konstruktion werden Front-Flipper genauso wie normale Flipper mit Zeigefinger oder Daumen bedient. Front-Flipper haben den großen Vorteil, dass sie bei geschlossenem Messer mit der Längsachse der Klinge fluchten anstatt seitlich hervorzustehen. So stören sie nicht in der Hosentasche und können sich dort auch nicht

Linke Seite: Flipperhebel können verschieden geformt und angeordnet sein (Böker Plus *Masada* • Zero Tolerance *0920* • Real Steel *Sea Eagle* • Kershaw *Junkyard Dog* • Civivy *Synergy3* • Kizer *Begleiter XL*).

Für bessere Griffigkeit sind Flipperhebel oft geriffelt.

Versenkte Flipper stehen am Rücken kaum hervor (Böker Plus *Aluma* • Liong Mah *Get Shit Done*).

Hier ist die Daumenscheibe zusätzlich noch zur Daumenauflage ausgeformt.

Verschiedene Konstruktionen und Designs von Front-Flippern.

verhaken. Im ausgeklappten Zustand verschwinden sie zwischen den Griffschalen. Front-Flipper lassen sich aber häufig nicht so komfortabel bedienen wie andere Klingenheber oder der normale Flipper, so dass sie bislang eher ein Nischendasein auf dem Markt führen.

Die zweite, noch seltenere Lösung ist der versenkte Flipper. Diese Bauweise wurde vor allem durch den Messermacher Keith Ouye bekannt. Die Flippernase sitzt hier in einer Aussparung am vorderen Griffbereich anstatt aus dem Rücken hervorzustehen. So kann sie sich nicht in der Hosentasche verhaken oder anderweitig stören. Der versenkte Flipper funktioniert ganz hervorragend und macht bei der Bedienung ebenso viel Spaß wie der normale Flipper. Es ist erstaunlich, weshalb dieses technisch gute Prinzip bislang nur selten eingesetzt wird.

Bei den meisten Front-Flippern muss man mit dem Daumen eine Seitwärts-Bewegung wie beim Zünden eines Feuerzeugs machen.

Fotos: Böker

Moderne taktische Springmesser mit Sicherung: Böker Plus *Strike* • Böker Plus *Intention II*.

AUTOMATIKMESSER IM WAFFENRECHT

In Deutschland gehören Springmesser grundsätzlich zu den nach § 2 und Anlage 2 WaffG verbotenen Gegenständen. Allerdings sind Ausnahmen vorgesehen, so dass es genug legale Springmesser gibt. Bei dieser als „Taschenmesser-Privileg" bekannten Regelung geht es einerseits um die Klingenlänge, andererseits um diverse konstruktive Merkmale. Springmesser sind vom Verbot ausgenommen, wenn „die Klinge seitlich aus dem Griff herausspringt und der aus dem Griff herausragende Teil der Klinge höchstens 8,5 Zentimeter lang ist und nicht zweiseitig geschliffen ist". Es müssen alle drei Eigenschaften zusammen erfüllt sein. Deshalb sind die in anderen Ländern beliebten OTF-Modelle (Out of the Front), bei denen die Klinge nach vorne aus dem Griff herausschnellt, abgesehen von speziellen Rettungs- oder extrem kleinen Mini-Klingen in Deutschland verboten. Assisted Opener gelten rechtlich nicht als Springmesser. Dazu gibt es einen Feststellungsbescheid des Bundeskriminalamts (Az: KT21/ZV 25 - 5164.01-Z-17). Springmesser besitzen Klingen, die „auf Knopf- oder Hebeldruck hervorschnellen und hierdurch festgestellt werden". Hiervon unterscheiden sich Assisted Opener, weil „kein Knopf oder Hebel zum Lösen einer Sperrvorrichtung vorhanden ist", wie das BKA betont. „Diese Einstufung gilt auch für andere Messer mit der oben beschriebenen Funktionsweise."
Allerdings gibt es auch federunterstützte Flipper, die nach Ansicht des BKA durchaus Springmesser darstellen. Und zwar ist das der Fall, wenn nach Anschubsen des Flippers „die Klinge vollständig und ausschließlich durch den Druck der vorgespannten Feder ausklappt" (Az: SO23 - 5164.01-Z-389).

Foto: MM/Oliver Lang

Bei modernen Springmessern ist die Feder um die Achse gerollt. Ihr abgewinkeltes Ende greift in eine passende Vertiefung der Klingenwurzel.

SPRINGMESSER UND ASSISTED OPENER

Wenn man das Angebot an Practical Foldern betrachtet, sind Automatikmesser eine Randerscheinung. Das liegt daran, dass eine einhändige Bedienung heute durch andere Konstruktionen genau so gut gewährleistet ist und Springmesser in vielen Ländern entweder rechtlich beschränkt oder sogar komplett verboten sind. In Deutschland sind nur ganz bestimmte Bauformen von Springmessern erlaubt (linke Seite).

Was oft übersehen wird: Springmesser sind „einhändig feststellbar" – da dies wörtlich die Funktionsbeschreibung der in § 42a WaffG genannten Messer ist, fallen Springmesser streng genommen unter die gesetzliche Tragebeschränkung (siehe Kapitel 11).

Abgesehen von der rechtlichen Situation wurden Springmesser von der technischen Entwicklung überholt. Moderne Practical Folder lassen sich sehr gut einhändig bedienen, erfordern im Gegensatz zu Springmessern weniger Wartung und sind auch weniger anfällig gegenüber Fehlfunktionen. Denn auch bei Springmessern gilt: Je mehr Teile und je komplizierter die Mechanik, desto anfälliger ist das Gerät. Und so kommt es auch bei ziemlich teuren Automatikmessern durchaus zu Fehlfunktionen. Springmesser werden heute meist weniger wegen ihrer Funktionalität als wegen ihrer technischen Raffinesse geschätzt.

Einhandmesser mit Federunterstützung sind relativ weit verbreitet. Bei einem Assisted Opener wird die Klinge per Flipper oder Klingenheber etwa

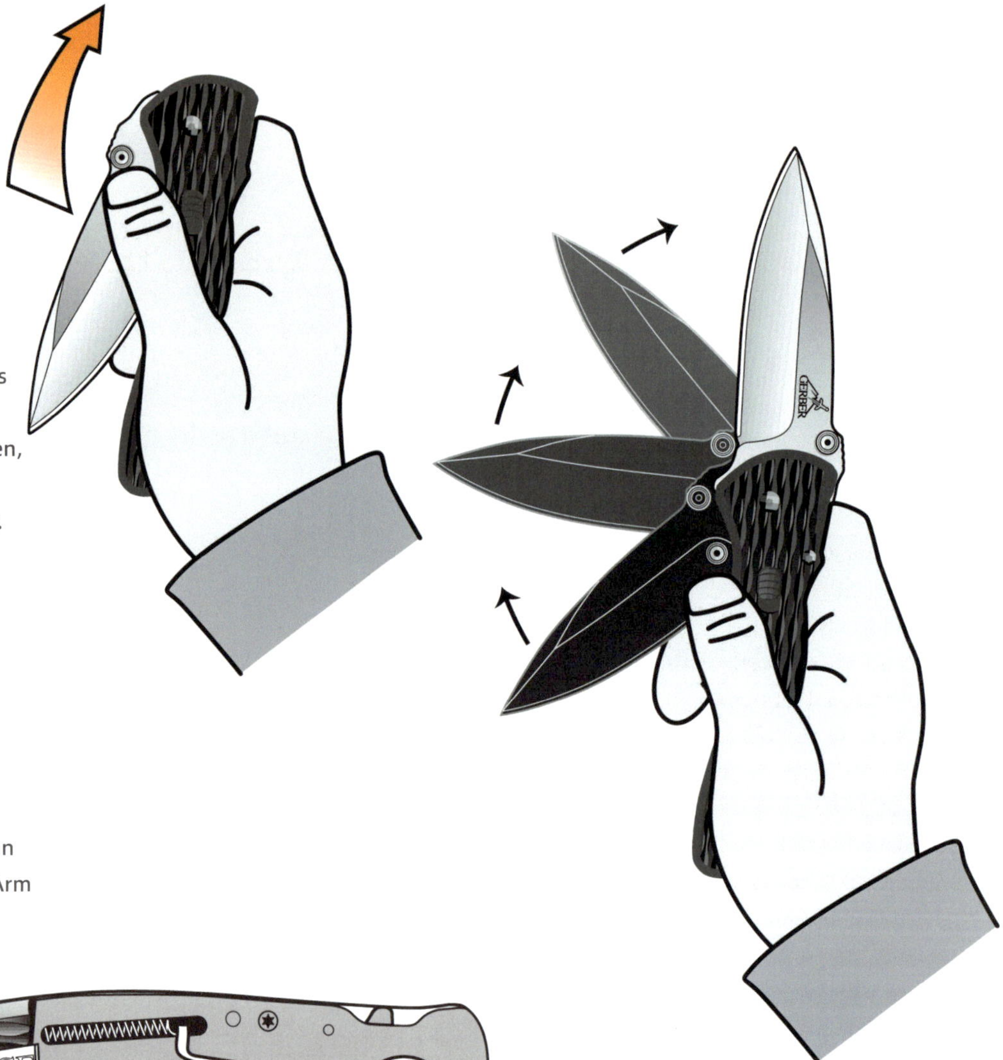

Beim Assisted Opener muss die Klinge ein Drittel des Wegs manuell ausgeklappt werden, erst danach greift die Feder.

Sobald in der Führung der höchste Punkt erreicht ist, kann die Feder den Arm nach hinten ziehen.

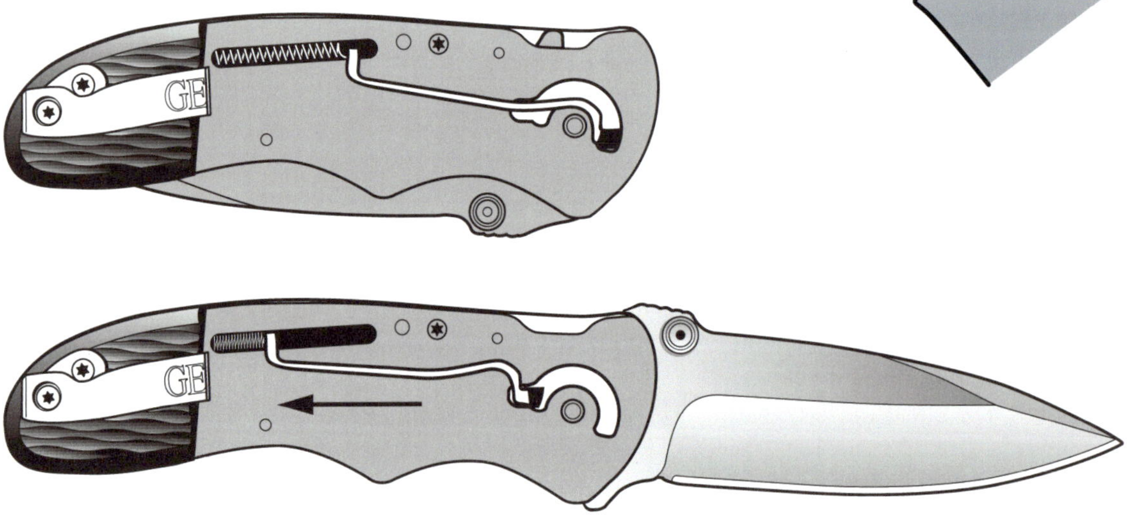

Grafiken: Gerber

Fotos: MM/Wolfgang Peter-Michel

30 Grad weit aus dem Griff ausgeklappt, dann greift eine Feder unterstützend ein und schiebt sie den restlichen Weg heraus. Mittlerweile haben fast alle namhaften Hersteller auch Assisted Opener im Sortiment. Pionierarbeit leisteten die von Ken Onion entworfenen SpeedSafe-Modelle von Kershaw. Funktional haben Assisted Opener keinen besonderen Vorteil gegenüber einem normalen Einhandmesser. Vor allem manuelle Modelle mit Kugellager lassen sich genauso komfortabel und einfach öffnen wie Messer mit Federunterstützung.

Grundsätzlich gelten Assisted Opener in Deutschland rechtlich nicht als Springmesser, womit auch Klingenlängen von mehr als 8,5 Zentimetern erlaubt sind. Dennoch gibt es Assisted Opener mit Flipper, die vom BKA als verbotene Automatikmesser eingestuft wurden (Seite 172) – das ist also eine problematische Situation. Es gibt viele Messerfans, die sich nicht mit einem Assisted Opener anfreunden können. Zum einen misstrauen sie dem Funktionieren der Feder. Zum anderen ergibt sich durch den zweiten BKA-Bescheid auch eine rechtlich unsichere Grauzone. Allerdings gibt es für diese Probleme eine relativ einfache Lösung: Man kann die Feder herausnehmen und dadurch einen Assisted Opener in ein normales Einhandmesser verwandeln. Je nach Hersteller sind die Mechanismen recht unterschiedlich, daher ist das Herausnehmen mal ganz einfach und mal etwas komplizierter.

Die Feder sitzt meist zwischen Liner und Griffschale und kann auch ausgebaut werden.

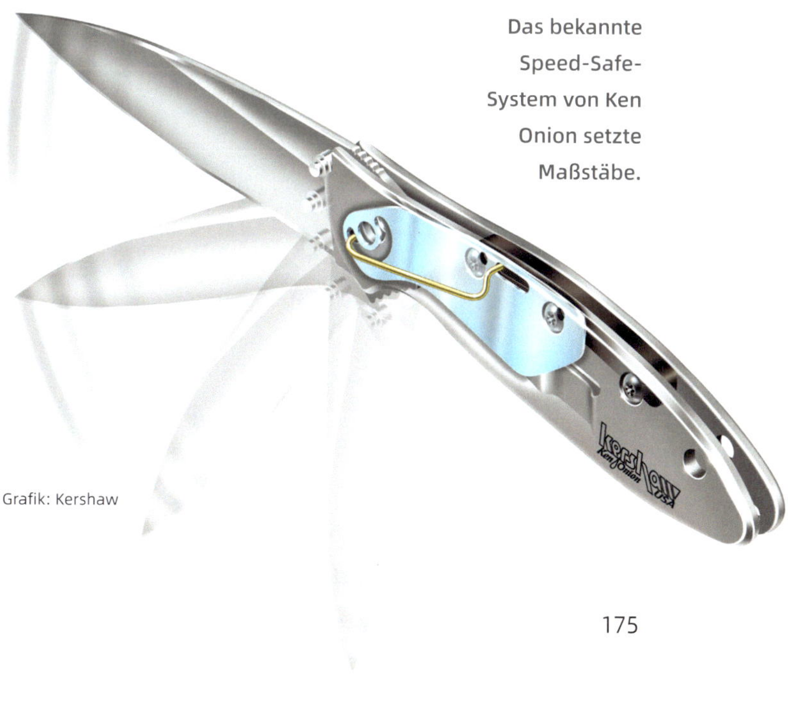

Grafik: Kershaw

Das bekannte Speed-Safe-System von Ken Onion setzte Maßstäbe.

Verschiedene Öffnungssysteme:
Daumenloch (Spyderco *Draper*) • Daumenstift (SIGtac *Pterodactyl*) • Flipper (Bestech *Starfighter*) • Frontflipper und Daumenloch (Bestech *Nyxie*) • Daumenscheibe und Wave (Zero Tolerance *0630*).

Foto: CRKT

KAPITEL 8

IMMER DABEI: DER CLIP

„Gehe niemals ohne dein Messer irgendwohin!"

- Gibbs' Regel Nr. 9 (Navy CIS) -

Auch wenn Gibbs und seine Regeln nur eine Erfindung der Drehbuchschreiber von *Navy CIS* sind, so ist die Aussage von Regel Nr. 9 unter Profis aus dem echten Leben absolut unbestritten: „Ein Klappmesser muss man dabei haben", betont der ehemalige CIA-Agent Jason Hanson, „es ist überlebenswichtig, auch wenn man es hoffentlich nur dafür verwenden muss, Kartons und Wurstverpackungen zu öffnen".

Das Taschenmesser ist ein Werkzeug, das man immer bei sich haben sollte. Deshalb ist der Clip wohl das am meisten unterschätzte Detail beim modernen Practical Folder – denn er revolutionierte das Tragen von Taschenmessern.

Wenn man die alljährlichen Neuerscheinungen auf dem Messermarkt betrachtet, stellt man fest, dass heute die allermeisten Taschenmesser mit einem Clip ausgestattet sind. Sogar bei vielen Old-School-Modellen wie dem Buck *110* oder dem *Mercator*-Messer gibt es inzwischen Varianten mit Clip. Der Taschenclip ist aus der Messerwelt nicht mehr wegzudenken. Der Grund dafür ist ganz einfach: Der Clip ist das praktischste, sinnvollste und gleichzeitig auch am einfachsten zu realisierende Detail eines modernen Taschenmessers.

Bis 1981 gab es im Prinzip nur zwei Methoden, ein Taschenmesser zu tragen: Große und schwere Arbeitsmesser wurden in einem Etui am Gürtel mitgeführt – was nicht wirklich alltagsfreundlich ist. Oder das Taschenmesser wurde ganz einfach in die Hosentasche gesteckt – was mehrere Nachteile hat: Das Messer fällt sofort nach unten auf den Boden der Tasche durch. Ganz zu schweigen davon, dass man in der Hosentasche immer nach dem Messer wühlen muss, macht sich ein größeres Taschenmesser auch äußerst unangenehm bemerkbar. Das Messer drückt sich nach außen durch und scheuert auf

Linke Seite: Durch den Clip lässt sich ein Taschenmesser ebenso komfortabel wie sicher mit sich tragen.

Foto: Spyderco

Spyderco-Chef Sal Glesser erfand den Clip für Taschenmesser, weshalb die „Spydies" lange den Beinamen Clip-it trugen.

Dauer auch den Stoff der Tasche durch. Im ungünstigsten Fall entsteht ein Loch in der Tasche. Das Messer fällt durch und geht verloren. Als jemand, der in seiner Jugend immer ein Schweizer Taschenmesser in der Hosentasche trug, kann ich das aus eigener Erfahrung bestätigen – und von regelmäßig durchlöcherten Taschen ein Lied singen.

Die Lösung für all diese Probleme war der Taschen-Clip, der von Spyderco-Chef Sal Glesser erfunden wurde. Auf die Idee dazu kam er durch eine pfiffige Schlüsselkette, die sich am Rand der Hosentasche festhaken ließ. Sie verhinderte, dass die Schlüssel bis zum Boden der Tasche hindurch fielen, und mit ihr ließen sich die Schlüssel auch hervorholen, ohne dass man in der Tasche wühlen musste. „Ich zählte schließlich zwei und zwei zusammen und entschied mich, an die Seite des Messers einen Clip zu montieren, um so die gleiche Griffbereitschaft zu erzielen", berichtete Sal Glesser.

Bei großen Taschenmessern bietet der Clip noch weitere Vorteile: In der vorderen Hosentasche angeclippt, sitzt das Messer seitlich am Bein und macht so die Gehbewegung mit. Ein Messer, das einfach in der Hosentasche liegt, ist dagegen totes Gewicht. Zudem drückt sich ein in der Tasche liegendes Messer viel stärker nach außen durch und zeichnet sich so deutlich ab. Ein angeclipptes Messer ist unauffälliger.

Auch wenn der Clip viele Vorteile bietet, gibt es doch einige Messernutzer, die sich nicht damit anfreunden können. Einige empfinden den Clip beim Arbeiten störend in der Hand. Das liegt aber in der Regel weniger am Clip an sich, sondern vielmehr an dessen konkreter Form und am Zusammenspiel mit der Griffform. Ein anderer Kritikpunkt ist, dass häufiges Ziehen und Wegstecken des Messers den Saum der Hosentasche mit der Zeit ausfranst. Auch das variiert stark in Abhängigkeit von Gestaltung des Clips und Struktur der Griffschalen. Richtige „Taschenfresser“ sind heute eigentlich nur noch unter militärisch-taktischen Modellen zu finden. Verglichen mit den Stoffschäden, die ein einfach in der Hosentasche getragenes Messer verursacht, ist das langsame Ausfransen des Taschensaums kaum nennenswert.

Stellt man die beiden kleinen Kritikpunkte den großen Vorteilen gegenüber, die ein Clip bietet, ergibt sich ein eindeutiges Bild: Der Clip macht das Tragen eines Taschenmessers viel leichter! So lassen sich auch große Modelle komfortabel führen. Das Wichtigste: Er erhöht die Wahrscheinlichkeit, überhaupt ein Messer zu tragen. Die Gefahr, dass ein Messer aus Bequemlichkeit zu Hause gelassen wird – und dann nicht verfügbar ist, wenn man es braucht –, wird durch den Clip auf ein Minimum reduziert.

DAS DISKRETE „RIESENMESSER“

Ein großes Taschenmesser kann kritische Blicke auf sich ziehen. Ich kann mich noch gut an eine Situation in meiner früheren Studenten-WG erinnern, als ich am Frühstückstisch zum Brötchenschneiden einen Folder mit einer 9,7-Zentimeter-Klinge aus der Tasche zog, worauf ein Mitbewohner erstaunt ausrief: „Guckt mal, was Thomas für ein Riesenmesser hat!“ Solche Situationen treten aber erst auf, wenn man das Messer zum Benutzen aufklappt – diskret in der Hosentasche angeclippt, hatte keiner meiner Mitbewohner überhaupt bemerkt, dass ich ein Riesenmesser trug. Es handelte sich übrigens um die große Version des CRKT Crawford Falcon, das leider schon lange nicht mehr hergestellt wird. Die Erfahrung zeigt: Durch den Clip lassen sich auch große Taschenmesser sehr diskret tragen. Die meisten Mitbürger nehmen sie überhaupt nicht wahr – sie fallen in der Regel nur geschulten Augen oder anderen Messerfreunden auf.

Eine extrem seltene Lösung ist ein gefederter Clip, der auf dem Griffrücken montiert ist.

Im Gegensatz zu seinem Daumenloch konnte Sal Glesser den Clip am Messer nicht rechtlich schützen lassen – zum Leidwesen für Spyderco, aber zum großen Glück für alle Messerfreunde! Dennoch waren in den ersten Jahren vor allem Spyderco-Modelle mit Clip ausgestattet, jene „komischen Taschenmesser mit dem großen Loch in der Klinge", als die sie damals viele Käufer ansahen. Um den Unterschied zur Konkurrenz hervorzuheben, wurden in den ersten beiden Jahrzehnten die Taschenmesser von Spyderco in der Regel noch mit dem Namenszusatz Clip-it versehen, um auf diese Besonderheit aufmerksam zu machen.

Anfang der 1990er aber begann die Idee des Clips rasant um sich zu greifen. Auch der große Erfolg von Bob Terzuolas *ATCF* trug dazu bei. Er hatte hier zum allerersten Mal an ein handgefertigtes Custom Knife einen Taschenclip angebracht. Bereits Mitte der 1990er wurden von den meisten Firmen, die moderne Messer herstellten, Taschen-Clips montiert. Heute sieht man ihn nahezu bei jedem Practical Folder.

LINKS ODER RECHTS, TIP-DOWN ODER TIP-UP?

Laut Statistik sind weltweit 85 bis 90 Prozent aller Menschen Rechtshänder. Und dementsprechend ist auch ein Großteil aller Practical Folder auf Rechtshänder ausgelegt. Neben den Auswirkungen auf die Konstruktion der Arretierung bedeutet das vor allem, dass der Clip meistens auf der rechten Seite montiert ist. Natürlich kann ein Linkshänder solch ein Messer auch in der linken Hosentasche anclippen – allerdings nur verkehrt herum. Das heißt, dass man das Messer nach dem Ziehen erst in der Hand drehen muss, bevor man es aufklappen und benutzen kann. Damit geht ein Großteil des Bedienkomforts verloren. Um die linkshändige Käufergruppe anzusprechen, bieten deshalb viele Practical Folder die Möglichkeit, den Clip von rechts nach links umzusetzen.

Ein anderer Punkt ist die Frage, ob der Clip für die Trageweise Tip-down (am Kopfende, Klingenspitze zeigt angeclippt nach unten) oder Tip-up (am

UMSETZBARE CLIPS

Um linkshändigen Messerfreunden entgegen zu kommen, bieten einige Modelle die Möglichkeit, den Clip auf die andere Seite umzusetzen.

Die Trageweise Tip-down oder Tip-up ist vor allem eine Frage des persönlichen Geschmacks. Auch hier gibt es Modelle, bei denen man den Taschenclip umsetzen kann.

Grafiken: Kershaw

Zum Thema Deep Carry gibt es ganz unterschiedliche Lösungen: Standard-Tip-up, Deep Carry und beweglicher Mobilip-Clip.

hinteren Griffende, Klingenspitze nach oben) montiert ist. Tip-down hat in der Regel den Nachteil, dass man nach dem Ziehen des Messers erst einmal neu zupacken muss, damit das Messer arbeitsbereit in der Hand liegt. Tip-up montiert liegt das Messer dagegen bereits beim Ziehen richtig in der Hand. Ein weiterer Punkt ist, dass ein Tip-down montierter Clip beim Arbeiten meist stärker in der Hand stört als ein Tip-up montierter Clip.

In den 1980er und 1990er Jahren war der Clip meist Tip-down montiert, weil das als sicherer galt: Bei Liner-Lock-Modellen mit schwach ausgeprägtem Detentball bestand die Gefahr, dass ein Tip-up getragenes Messer in der Hosentasche teilweise aufklappte und man beim Ziehen des Messers in die Klinge fasste. Mit zunehmend besser konstruierten Liner-Locks wurde diese Gefahr auf ein Minimum reduziert. Heute wird der Großteil der Clips Tip-up montiert.

Einige Practical Folder bieten die Option, den Clip wahlweise Tip-down oder Tip-up zu montieren. Spyderco bietet sogar bei vielen Messern die Möglichkeit, den Clip in vier verschiedenen Positionen zu montieren: rechts, links, Tip-up und Tip-down. Der Nachteil der umsetzbaren Clips ist allerdings, dass man für jede Trage-Option entsprechende Bohrungen in den Griffschalen anbringen muss, was nicht gerade schön aussieht. Zudem bedingen sie in der Regel Standard-Clips – gefräste Design-Modelle lassen sich normalerweise nur in einer Position montieren.

DEEP-CARRY UND HECK-MONTAGE

Zum Tragen eines Practical Folders gibt es zwei verschiedene Philosophien. Die eine besagt, dass das Messer möglichst schnell und einfach zu ziehen sein sollte – daher ist der Clip so montiert, dass ein kleines Stück des Griffs aus der Tasche herausschaut. Die andere Philosophie betont, dass das Messer möglichst komplett in der Tasche verschwinden sollte, damit es nicht auffällt. Das ist nicht nur für professionelle Anwender und Undercover-Einsätze wichtig, sondern auch für jeden zivilen Messerfreund, der in einem Umfeld lebt und arbeitet, in dem das Tragen eines Messers Anstoß erregen und unschöne Diskussionen auslösen könnte. Deshalb besitzen viele moderne Folder einen Deep-Carry-Clip.

Dieser ist so konstruiert, dass er oberhalb der Schraublöcher einen schlaufenförmigen Bogen bildet. Diese Schlaufe schließt nahezu bündig mit dem hinteren Ende des Messers ab, so dass vom Messer in der Tasche praktisch nur noch der Clip zu sehen ist. Ob das Messer wirklich wenig auffällt, hängt nicht nur davon ab, wie tief es in der Tasche verschwindet, sondern auch

MODERNISIERTER KLASSIKER

Taschenmesser bei der Armee lassen sich bis ins 19. Jahrhundert zurückverfolgen. Neben Grabendolchen und anderen Kampfmessern ist seit jeher auch ein praktisches Schneidwerkzeug im militärischen Einsatz gefragt. Eines der beliebtesten Modelle war das *Mercator*-Messer aus Solingen. Das einfache Taschenmesser mit dem Griff aus gefalztem Stahlblech und Back-Lock wurde bereits 1867 entwickelt. Obwohl es sich nicht um einen offiziellen Ausrüstungsgegenstand handelte, war es dennoch bei den deutschen Soldaten im Ersten Weltkrieg weit verbreitet.
Seit einiger Zeit gibt es vom *Mercator* auch modernisierte Varianten, zum Beispiel mit rostbeständigen Stahlsorten, Griffen aus Messing und nicht zuletzt mit Taschen-Clip. Das *Mercator Clip* stellt eine schöne und sehr funktionale Version eines klassischen Taschenmessers dar.

Foto: Otter

Für die Heckmontage eines Clips gibt es sehr unterschiedliche, mehr oder weniger pfiffige und elegante Lösungen.

davon, wie groß der Clip selbst ist, wie er geformt und gefärbt ist.

Eine technische Besonderheit unter den Deep-Carry-Clips bildet der Mobilip-Clip der Firma Tekut. Der Clip ist beweglich montiert: Sobald man das Messer in die Tasche steckt, schiebt er sich ein Stück aus dem Griff heraus, so dass das Messer noch tiefer in die Tasche rutscht und so unauffällig zu tragen ist. Das macht durchaus Sinn, aber sowohl das Wegstecken als auch das Ziehen des Messers erfordern beim Mobilip-Clip ein wenig Übung.

Eine elegante und praktische Lösung sind Deep-Carry-Clips für die Heck-Montage. Sie sind nicht seitlich an den Griffschalen, sondern ganz hinten am Backspacer angeschraubt. Das hat zwei Vorteile: Zum einen lässt sich der Clip sehr elegant und einfach von rechts nach links umdrehen, zum anderen werden auch hässliche Bohrlöcher in den Griffschalen unnötig.

ARTEN VON CLIPS

Nach der Herstellungsmethode kann man drei verschiedene Arten von Clips unterscheiden:

- gestanzte Clips
- Draht-Clips
- gefräste Clips

Die gestanzten Clips stellen mit weitem Abstand die größte Gruppe dar. Sie werden aus Stahlblech ausgestanzt und in Form gebogen. Gestanzte Clips werden in der Regel mit zwei oder drei kleinen Torx-Schrauben durch die Griffschalen

Von links: gestanzter Standard-Clip, Draht-Clip und zwei 3D-gefräste Clips aus Titan.

hindurch in den Linern und oft auch im Backspacer festgeschraubt. Diese Clips findet man in allen möglichen Größen und Formen. Meist sind sie symmetrisch, manchmal auch asymmetrisch und mit leichter Biegung dem gekrümmten Messergriff angepasst. Asymmetrische Clips lassen sich aber nicht auf die andere Griffseite umsetzen, so dass der Hersteller einen spiegelverkehrten zweiten Clip beilegen muss. Große und bekannte Hersteller wie Spyderco und Benchmade nutzen standardisierte Formen von Clips, die auf die meisten Modelle ihres Sortiments passen.

Draht-Clips bestehen aus starkem Federdraht. Weil Draht-Clips optisch weniger auffallen als gestanzte Clips, stellen sie besonders dezente und elegante Lösungen dar. Der Nachteil ist, dass man zur Befestigung zwingend schmale Schlitze in die Griffschalen einarbeiten muss und eine deutlich größere Schraube nötig ist.

Aus dem vollen Material gefräste Clips findet man hauptsächlich bei hochpreisigen Messern. Sie bestehen meist aus Titan, selten aus Carbon. Gefräste Clips werden in der Regel dem Design des Griffs angepasst und oft auch so gefärbt wie der Griff. Gegenüber Stahlclips sind Clips aus Titan deutlich weniger elastisch. Daher sind meist kleine Verdickungen am Ende des Clips vorhanden, die das Messer am Hosenstoff in Position halten. Bei hochwertigen Messern findet man eingearbeitete Haltekugeln aus Materialien wie Zirkonium oder Keramik.

Beim Design eines Clips muss man vieles beachten. Ist beispielsweise der

Unterschiedliche Halte-Konstruktionen bei gefrästen Clips: bewegliche Rolle, Verdickung und polierte Zirkonium-Kugel.

Clip am vorderen Ende zu spitz geraten, kann man das Messer nicht vernünftig ziehen. Wenn der Clip stramm sitzt, muss man ihn dabei mit dem Zeigefinger am unteren Ende ein Stück weit nach oben aus der Tasche schieben – das geht nicht vernünftig, wenn sich ein spitzes Clip-Ende schmerzhaft in die Fingerkuppe bohrt. Weitere Probleme: Zeigt das Ende des Clips zu weit nach innen, kann man ihn zum Ziehen nicht wirklich greifen, zeigt es zu weit nach außen, bohrt es sich beim Arbeiten störend in die Handfläche.

Zudem kann es sich im letzten Fall auch verhaken – etwa in Zugschnüren von Fleece-Jacken oder in Korbgeflechtstühlen. Im ungünstigsten Fall wird so das Messer aus der Tasche gezogen, ohne dass man es bemerkt, und geht dabei verloren.

Gegenüber gefrästen Clips haben gestanzte Clips und Draht-Clips einen großen Vorteil: Wenn der Clip zu lasch oder zu stramm sitzt, kann man die Spannung mit der Zange etwas korrigieren. Dabei sollte man aber sehr behutsam vorgehen: Zu viel Druck, und das Material gibt nach, der Clip zerbricht. Hier gilt: Weniger ist mehr!

Nach welcher Methode der Clip auch immer gefertigt sein mag, er muss vier Aufgaben erfüllen:

- er muss das Messer sicher in Position halten

KARABINER STATT CLIP

Bei Practical Foldern, die für den professionellen Einsatz bei Rettungskräften oder für spezielle Sportarten wie Wandern, Klettern oder Segeln gedacht sind, findet man nicht selten anstatt eines Clips (oder auch zusätzlich) einen Karabinerhaken. Dafür gibt es mehrere Gründe. Zum einen weisen Einsatzoveralls oder Kletterhosen oft keine herkömmlichen Hosentaschen auf. Zum anderen ist es manchmal auch sinnvoller, das Messer außen am Rucksack und nicht an der Kleidung zu befestigen. Außerdem soll das Messer auch mit Handschuhen zugänglich sein und bei dicker Wetterschutzbekleidung stets griffbereit bleiben. Letztlich gilt ein Karabiner als sicherer, was einen möglichen Verlust des Messers betrifft.
Der Karabinerhaken ist jedoch eine Randerscheinung. Obwohl diese Trageweise durchaus praktisch ist und man einen Karabinerhaken an den Gürtelschlaufen jeder Hose befestigen kann, hat er sich bei EDC-Taschenmessern für den täglichen Gebrauch nie durchgesetzt.

Foto: Leatherman

Das Leatherman *Crater* besitzt einen ausklappbaren Karabiner-Haken.

Foto: CRKT

Für alle Designs eines Clips ist entscheidend, dass sich das Messer gut ziehen lässt und sicher gehalten wird.

- er muss leichtes und einfaches Ziehen und Wegstecken ermöglichen
- er darf sich nicht in der anderen Kleidung verhaken
- er soll beim Arbeiten möglichst wenig in der Hand stören

Ob er diese Anforderungen erfüllt, liegt an der Form und der Spannung des Clips. Was sich trivial anhört, ist in der Praxis eine Wissenschaft für sich.

SPEZIAL-KONSTRUKTIONEN

Damit der Clip nicht in der Hand stört, haben sich einige Hersteller für ihre gefrästen Clips spezielle Lösungen einfallen lassen. Zum Beispiel das HWAY-System von Lion Steel: „Hide what annoys you" (= Verberge, was dich stört) arbeitet mit einem versenkbaren Clip, der durch Federdruck nach innen gezogen wird und dann bündig mit der Griffschale abschließt. Zum Anclippen drückt man einen Knopf auf der gegenüberliegenden Griffseite und damit den Clip aus der Griffschale heraus.

Ein versenkbarer Clip ist sehr aufwendig zu fertigen und schlägt sich auch deutlich im Preis des Messers nieder. Zum anderen wird das Messer um einen komplizierten Mechanismus ergänzt, der auf Dauer auch Wartung und Pflege erfordert. Ganz anders der versenkte Clip, den WE Knife beim Modell *910* vorstellte: In die Titanschalen ist eine große Vertiefung für den Clip gefräst, damit dieser nur ganz wenig über

Versenkbarer HWAY-Clip beim Lion Steel *ROK*. Der Knopf auf der Frontseite drückt den Clip heraus.

die normale Griffschale hinaus steht. Der Messergriff ist ohne Clip 13 Millimeter stark, mit Clip nur 15 Millimeter. Durch die Vertiefung spürt man den Clip auch bei sehr festem Zupacken kaum in der Handfläche. Sowohl dieser versenkte Clip als auch das HWAY-System konnten sich allerdings nicht auf dem Markt durchsetzen und sind Exoten geblieben.

Clip in einer gefrästen Vertiefung beim WE Knife *901*.

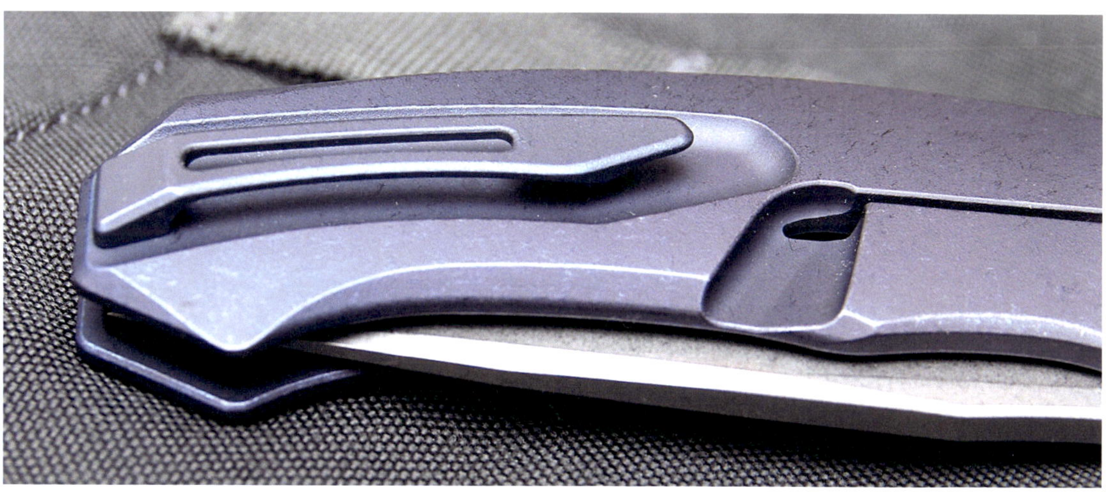

Die unterschiedlichen Clips sind das Ergebnis veränderter Technik bei Produktion sowie Montage am Griff, verschiedenen Anforderungen an Zugriffsbereitschaft und Unauffälligkeit bei der Trageweise sowie natürlich auch ganz eigenen Vorstellungen an Design und Ästhetik.

KAPITEL 9

RECHTLICHE NOTLÖSUNG: ZWEIHÄNDER & SLIPJOINTS

„Vor Gericht und auf hoher See ist man in Gottes Hand."

- Altes Sprichwort -

Während Einhandmesser im Hinblick auf praktische Funktion und Nützlichkeit entwickelt wurden, ist die Existenz moderner Zweihandmesser und Slipjoints ohne Arretierungen vor allem den rechtlichen Beschränkungen geschuldet. Aus rein funktionaler Sicht gibt es keinen Grund, auf die Vorteile von Einhandbedienung oder Arretierung zu verzichten.

In Deutschland ist die bislang weitreichendste Beschränkung der seit 2008 gültige § 42a im Waffenrecht. Darin wird – mit Ausnahme des „berechtigten Interesses" für einen „allgemein anerkannten Zweck" – das Führen von „einhändig feststellbaren" Messern auf öffentlichem Gelände verboten (siehe Kapitel 11). In den ersten Jahren nach Einführung des § 42a sorgte die unsichere Rechtslage für eine erhöhte Nachfrage nach alternativen Lösungen. Vor allem Sportschützen, die bei Verstößen gegen das Waffenrecht ihren zwingend benötigten Zuverlässigkeits-Status verlieren könnten, achten penibel auf die Einhaltung und bevorzugen deshalb rechtssichere Zweihandmesser.

Es ist meist vereinfachend von Einhandmessern die Rede, aber konkret spricht § 42a WaffG von einhändig feststellbaren Messern. Die Lösung für das Problem ist also, dass ein Messer eine dieser beiden Eigenschaften nicht mehr aufweist. Stellt man Messerbenutzer vor die Wahl, ob ihr Messer lieber einhändig bedienbar oder feststellbar sein soll, entscheiden sich die meisten aus Sicherheitsgründen für feststellbar. Also wurden Messer geschaffen, die abgesehen von der einhändigen Bedienbarkeit alle Kriterien eines Practical Folders erfüllen.

So wurden populäre Einhandmodelle durch Zweihandversionen ergänzt, die einfach statt eines Klingenhebers oder Flippers eine klassische Nagelkerbe aufweisen. Einige dieser

Linke Seite: Zweihandmesser wie das Müller *Liner-Lock Gent* sind von den Beschänkungen in § 42a WaffG nicht betroffen.

Fotos: Böker

Nach Einführung des § 42a WaffG brachte Böker auch eine Zweihandversion (unten) des beliebten Flipper-Modells *Turbine* heraus.

Zweihandversionen wurden mit dem Namenszusatz „42" versehen, um auf den betreffenden Paragraphen hinzuweisen. Heute verwendet man meist den Namenszusatz „Free".

Moderne Zweihandmesser findet man heute vor allem bei Marken, die stark auf den deutschen Markt ausgerichtet sind. Bei internationalen Marken meist nur dann, wenn bestimmte Einhandmesser auf dem deutschen Markt besonders populär und nachgefragt sind, so dass sich die Fertigung einer Zweihand-Version lohnt. In den letzten Jahren ist die Nachfrage wieder spürbar angestiegen, was vor allem an der Furcht vor neuen Verschärfungen liegen dürfte.

Für ein in Deutschland hundertprozentig rechtssicheres Zweihandmesser reicht es aber nicht aus, einfach den Klingenheber und den Flipper wegzulassen – man muss auch noch andere Details bedenken (Seite gegenüber). Wichtig ist, dass die Klinge keinen Ansatz bietet, um sie wie bei einem Klingenheber herauszuschieben. Die Nagelkerbe sollte sich also weit vorne an der Klinge befinden – nicht dort, wo der Daumen zupackt. Sie sollte auch so klein und schmal geformt sein, dass der Daumen beim etwaigen Versuch eines einhändigen Öffnens keinen Halt findet. Zusätzlich sollte die Klinge im geschlossenen Zustand möglichst wenig aus dem Griff heraus ragen.

Einige Konstrukteure lassen sich darüber hinaus noch Besonderheiten einfallen. Beim Modell *Linerlock Gent* von Müller findet man einen Halbstopp,

Moderne Zweihandmesser: Das *Linerlock Gent* von Müller und das Oberland Arms *Titan Sepp*.

BKA UND ZWEIHANDMESSER

Wie man ein in Deutschland wirklich rechtssicheres Zweihandmesser konstruiert, lässt sich aus einem waffenrechtlichen Feststellungsbescheid des Bundeskriminalamts ableiten (Az: So11 - 5164.01-Z-269). Darin wurde das *Foxtrot Two Outdoor* von Pohl Force trotz fehlendem Klingenheber als „einhändig feststellbar" eingestuft. Das BKA hatte festgestellt, dass sich das Messer wegen des eingeklappt weit aus dem Griff herausragenden Klingenrückens und der stark ausgeprägten Nagelkerbe „auch ohne besondere Fähigkeiten und Übungen" einhändig ausklappen lässt.
Präzisiert wird dies in einem Feststellungsbescheid zum *Titan Sepp* von Oberland Arms (Az: So13 - 5164.01-Z-530): „Da die eingeklappte Klinge den Fingerkuppen von Daumen und Zeigefinger nicht genügend Platz für den sogenannten Zangengriff bietet, muss das Messer mit beiden Händen geöffnet werden."
Der Vermerk „ohne besondere Fähigkeiten und Übungen" ist wichtig. Daraus ergibt sich für ein Zweihandmesser, dass der Benutzer möglichst gar nicht erst auf die Idee kommen sollte, eine Nagelkerbe anstelle eines Klingenhebers zum einhändigen Öffnen mit dem Daumen benutzen zu wollen.

Beim *Mike Five* von Pohl Force lässt sich der Klingenheber abschrauben. Das Schraubloch kann man mit einer kleinen Madenschraube verschließen.

wie man ihn von Slipjoints kennt: Der Detentball lässt die Klinge auch bei 90 Grad leicht einrasten. Das dient nicht nur der zusätzlichen Sicherheit beim Einklappen, sondern unterstützt auch die Einordnung als rechtssicheres Zweihandmesser: Es ist nicht möglich, die Klinge mit irgendwelchen Tricks einhändig auszuklappen. Um unnötige Diskussionen mit Polizisten zu vermeiden, ist es jedoch immer sinnvoll, etwas Schriftliches in der Hand zu haben. Deshalb hat sich die Firma Oberland Arms bei ihrem Modell *Titan Sepp* die § 42a-Konformität durch einen kostenpflichtigen Feststellungsbescheid des BKA bestätigen lassen – den man zum Beispiel als PDF auf dem Smartphone mitführen kann.

KLINGENHEBER ABSCHRAUBEN

Der Blick auf das Angebot zeigt eine kaum überschaubare Vielfalt an modernen Einhandmessern in allen Größen, Formen und Preisklassen. Zweihandmesser gibt es jedoch relativ wenige auf dem Markt. Allerdings bieten Modelle mit klassischem Klingenheber sehr oft die Möglichkeit, diesen einfach abzuschrauben. Ein früherer Marketing-Manager von Benchmade nannte das „germanizing the knife" – das Messer verdeutschen –, weil das eigentlich nur deutsche Messerbesitzer praktizierten.

Einige Hersteller planen ein optionales Abschrauben des Klingenhebers bei der Konstruktion und Entwicklung neuer Modelle bewusst ein: „Vielen unserer Messer liegt daher bereits das entsprechende Werkzeug bei, um den Daumenpin zumindest temporär zu entfernen", so die Solinger Firma Böker. „Als mündiger Bürger können Sie so selbst entscheiden, wie Sie Ihr Messer nutzen möchten."

Ein relativ verbreitetes Waffenrechts-Buch enthält die Ansicht, dass ein Messer trotz eines abgeschraubten Klingenhebers grundsätzlich weiterhin ein Einhandmesser im juristischen Sinn darstelle, der Klingenheber könne ja „mit wenigen Handgriffen angebracht" werden. Diese Auffassung widerspricht nicht nur jedem gesunden Menschenverstand, sondern ist auch rechtlich fragwürdig.

Zum einen ist der Besitz eines Einhandmessers nicht verboten, sondern nur das Führen ohne berechtigtes Interesse auf öffentlichem Gelände. Wenn man unterwegs zusätzlich zum Messer nicht auch den abmontierten Klingenheber dabei hat, greift auch die rechtliche Relevanz des Führens eines Einhandmessers nicht mehr. Zuhause den Klingenheber wieder anzuschrauben wäre völlig legal. Die Vorstellung, dass jemand einen Klingenheber abschrauben und diesen dann gemeinsam mit Messer, Torx-Schraubendreher sowie der extrem winzigen Schraube mit sich führen würde, um dann unterwegs alles für die – schnelle einhändige – Benutzung wieder zusammenzusetzen, scheint einfach absurd.

Zudem definiert § 42a WaffG keine bestimmte Bauweise, sondern spricht wortwörtlich von der Funktion „einhändig feststellbar". Dementsprechend hat auch das BKA festgestellt (Seite 197), dass für die Einstufung eines Messers als Einhandmesser gar nicht entscheidend ist, ob ein Klingenheber montiert ist oder nicht – sondern vielmehr, ob bei dem fraglichen Messer „das Öffnen und Arretieren der Klinge einhändig möglich ist". Wenn dies bei einem Ex-Einhandmesser mit abmontiertem Klingenheber nicht mehr der Fall ist, sind die vom BKA gefragten Kriterien doch erfüllt.

Bei Daumenpins ist das Abschrauben meist sehr einfach. Bei einigen

Mit dem Modell *Hunter Pro Alox* hat auch die Schweizer Traditionsfirma Victorinox ein modernes Zweihandmesser im Programm.

Zweihandmesser wie das Walther *BWK7* sind meist mit einer klassischen Nagelkerbe ausgestattet.

Modellen – etwa den Messern von Benchmade – sieht man sofort, dass es sich hier um Schrauben handelt. Der abgeschraubte Daumenstift hinterlässt meist ein Loch von rund zwei Millimetern Durchmesser. In der Regel stört es optisch in der Regel kaum und lässt sich auch recht einfach von Staub und Schmutz befreien, da sich das Schraubgewinde nicht im Loch, sondern in den jeweiligen Hälften des Daumenstifts befindet.

Anders sieht es jedoch bei Daumenscheiben aus: Das offene Schraubloch im Klingenrücken ist ein Anziehungspunkt für Schmutz und Feuchtigkeit aller Art. Man riskiert, dass die Klinge von innen rostet. Nur in seltenen Fällen liefern Hersteller ab Werk eine Madenschraube mit, um dieses Loch abzudecken.

Recht häufig sind die Daumenstifte auch nicht nur verschraubt, sondern zusätzlich mit viel Loctite gesichert. Wenn man beim Abschrauben deutlichen Widerstand spürt, muss man das Loctite erst durch Erhitzen mit einem Fön verflüssigen. Ansonsten besteht die Gefahr, dass man den Schraubenkopf zerstört. Bei Messern, in denen der Daumenstift gleichzeitig auch den Stopp-Pin bildet (siehe Seite 57), sollte man ihn nicht abnehmen: Abhängig vom Arretierungs-System kann die Klinge ohne den Stift oft nicht mehr sicher verriegeln.

Foto: Real Steel

MODERNE SLIPJOINTS

Es gibt auch moderne Taschenmesser, bei denen statt der Einhandbedienung die Arretierung – oder auch beides – weggelassen wurde. Wie bei einem klassischen Schweizer Taschenmesser drückt nur eine Feder gegen die Klinge und hält sie für leichte Schneidarbeiten in Arbeitsposition. Bei moderneren Konstruktionen findet man auch statt einer Feder ein System von doppelten Detentballs.

Zum Thema § 42a und Slipjoints gibt es einen erklärenden Feststellungsbescheid des BKA, aus dem ganz klar hervorgeht, dass für das Kriterium „feststellbar" ein Mechanismus vorhanden sein muss, bei dem beim Ausklappen der Klinge eine „mechanische Sperrvorrichtung" greift, die beim Einklappen gelöst werden muss. Eine Klinge, die sich allein durch Druck auf den Rücken einklappen lässt, erfüllt das Kriterium nicht (Az SO13-51654.01-Z-524).

Manche moderne Slipjoints wurden gezielt für besondere rechtliche Situationen geschaffen. Für das ausgesprochen restriktive Waffenrecht in Großbritannien wurde zum Beispiel das bekannte *UK Pen Knife* von Spyderco entwickelt. Bei einigen Messern wird inzwischen sowohl auf die Einhandbedienung als auch die Arretierung verzichtet. Das richtet sich an Nutzer, die

Das Real Steel *Solis* ist ein Slipjoint: Die Klinge arretiert nicht, sondern wird nur durch Federdruck offengehalten. Dadurch fällt es nicht unter § 42a.

BÖKER
7311
BÖKER

rechtlich möglichst auf der sicheren Seite sein wollen.

Die grundsätzliche Frage „Arretierung oder nicht?“ ist immer eine Frage des Einsatzbereichs. Bei einem edlen Gentleman Knife, das nur gelegentlich benutzt wird – und wenn, dann zum Öffnen eines Briefumschlags –, macht sich das Fehlen einer Arretierung natürlich weniger bemerkbar als bei einem Messer, das auch für robustere Schneid- und Schnitzarbeiten eingesetzt wird. Wenn man ziehend schneidet, ist beim Slipjoint alles in Ordnung. Wenn man jedoch nach vorn schiebend arbeitet und die Klingenspitze auf Widerstand trifft oder man beim Schnitzen verkantet, wirkt der Druck nicht mehr gerade auf die Schneide, sondern aus unterschiedlichen Richtungen. Ab einem gewissen Punkt reicht dann der Druck der Rückenfeder oder des Detentballs nicht mehr aus, um das Messer offen zu halten. Die Klinge klappt ein, und Finger, die dann im Weg sind, werden verletzt.

Es gibt einige moderne Modelle mit sehr starken Rückenfedern, die ziemlich viel Haltekraft bieten – viel Stay, wie amerikanische Messerfreunde sagen. Die meisten Slipjoints auf dem Markt sind aber vor allem auf kleine und feine Schnitte ausgelegt. Wenn man mit Kraft arbeiten und schnitzen will, ist ein Messer mit Arretierung die bessere Wahl.

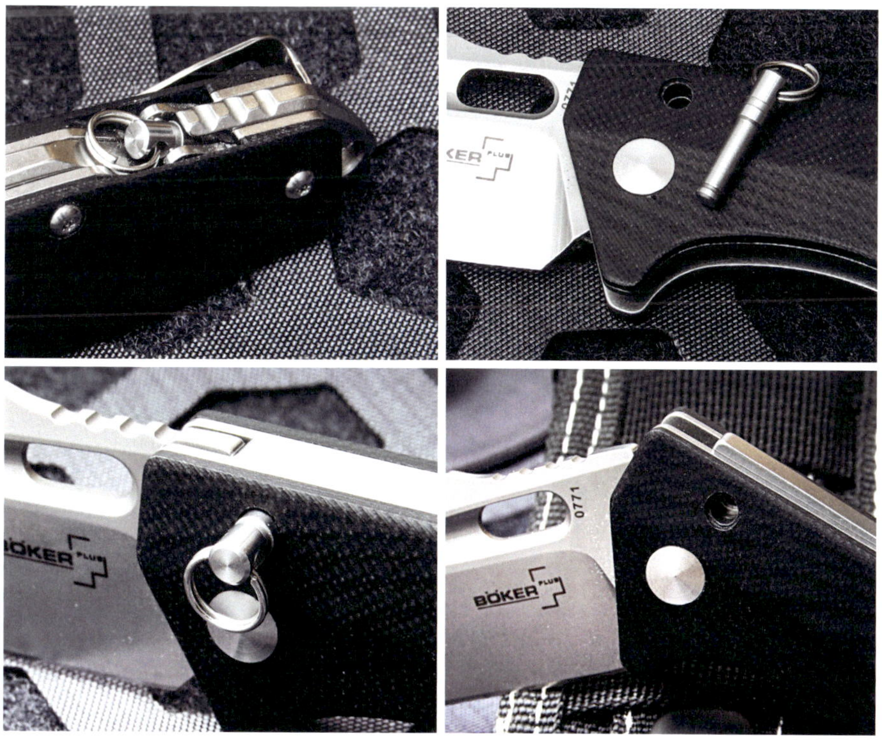

Linke Seite: Das Böker Plus *Caracal* ist eines der seltenen Modelle, die sowohl als feststellbares Messer als auch als Slipjoint verfügbar sind.

Moderne Slipjoints sind zunehmend häufiger zu finden (Real Steel *Luna*). Zweihandmesser sind auf dem Markt eher selten (Elite Force *EF170* • Real Steel *H6 Free* • SteelTac *No. 2*). Man kann aber auch bei einigen Einhandmessern den Daumenstift relativ einfach abschrauben (Benchmade *Rift*).

REAL STEEL
BENCHMADE

Foto: Sharp by Coop

KAPITEL 10

TECHNIK UND PHILOSOPHIE: DIE STAHLSORTEN

„Ein Verstand braucht Bücher wie das Schwert den Schleifstein."

- Tyrion Lannister (Game of Thrones) -

Stahl ist nicht gleich Stahl – zu diesem Thema kann man dicke Bücher schreiben. Es soll hier nicht zu theoretisch werden, aber etwas Grundwissen ist sinnvoll, um die Stahlqualität und damit auch das Preis-Leistungs-Verhältnis von Messern beurteilen zu können. Oft werden nämlich von den Herstellern deutlich höhere Preise mit den verwendeten Stahlsorten begründet.

Mit einem Basiswissen über Stahl kann man sich als Käufer ein fundiertes Urteil bilden, ob der aufgrund des verwendeten Stahls geforderte Preis auch gerechtfertigt ist. Allerdings sind die Ansprüche an Stahlsorten in den letzten Jahren ziemlich gestiegen: So galten 154-CM und dessen japanische Variante ATS-34 in den Nuller-Jahren noch als Hochleistungsstähle – heute werden sie in der Messer-Community als obere Mittelklasse betrachtet.

Einige Hersteller – Spyderco ist ein gutes Beispiel – bieten einige ihrer Bestseller auch in verschiedenen Stahlsorten an, aus denen der Käufer wählen kann. Auch hier ist Wissen wichtig, um eine sinnvolle Wahl treffen zu können.

Dieses Kapitel über metallurgische Eigenschaften soll aber allgemeinverständlich bleiben und ist deshalb – wie einer meiner Uni-Professoren gerne sagte – in „an Verfälschung grenzender Vereinfachung" geschrieben.*

Es gibt unterschiedliche Systeme, Stahlsorten zu bezeichnen. Sie richten sich in der Regel nach dem Standort des Stahlherstellers. US-Firmen verwenden zum Beispiel das AISI-System (American Iron and Steel Institute), das verschiedene Stahlgruppen in Nummerngruppen einteilt: zum Beispiel die 400er-Nummern für rostbeständige

Linke Seite: Bei teuren Foldern kommt meist Pulverstahl zum Einsatz: RWL-34 beim *Down* von Messermacher Brian Tighe.

* Wer es wissenschaftlich genau haben möchte und ausreichend Englisch versteht, dem empfehle ich das Buch *Knife Engineering: Steel, Heat Treating and Geometry* von Larrin Thomas.

Foto: Ovako

Der größte Teil des Stahls wird nach wie vor durch Schmelzen der Legierungen (Stahlkochen) hergestellt.

Stähle (420, 440C, …). In Deutschland nimmt man DIN-Werkstoffnummern nach Deutscher Industrienorm (1.4034, 1.4116, …), und in Fernost nutzt man Kürzel, die sich aus den Anteilen der wichtigsten Legierungselemente ergeben (8Cr13MoV, 9Cr18MoV, …). Vielfach werden von den Herstellerfirmen auch ganz eigene Bezeichnungen erfunden (Elmax, CruWear, …).

Je nach Klassifizierungssystem ist die gleiche Stahlsorte daher manchmal unter verschiedenen Namen zu finden (D2 = X153CrVMo12-1 = 1.2379 = Böhler K110). In diesem Buch werden die verschiedenen Stahlsorten mit den auf dem internationalen Messermarkt gebräuchlichen Namen bezeichnet.

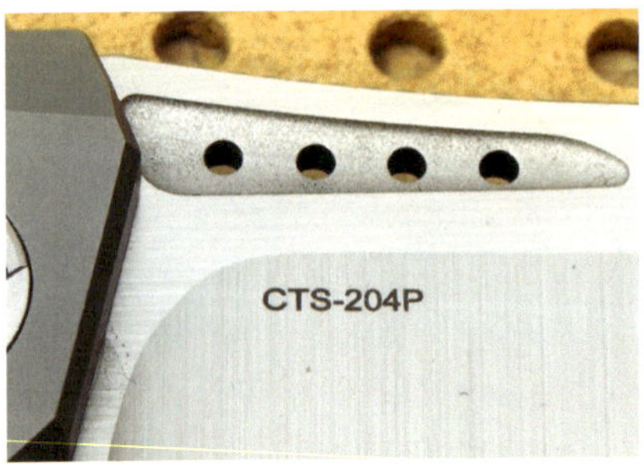

Die verwendete Stahlsorte ist meist sehr klein auf der Rückseite der Klinge aufgelasert.

Stahl ist eine Legierung aus Eisen und Kohlenstoff, dazu kommen weitere Elemente. Ganz wichtig: Stahl ist nur ein Ausgangsmaterial. Damit am Ende eine gute Klinge herauskommt, ist nicht nur gutes Material, sondern auch die richtige Verarbeitung nötig. Das kann man sich vorstellen wie einen Brotteig: Auch wenn die Backmischung richtig zusammengesetzt ist, wird nur durch die richtige Backzeit und -temperatur ein leckeres Brot daraus. Beim Stahl ist das die sogenannte Wärmebehandlung, landläufig auch als Härten bekannt.

Die Härte der fertigen Klinge wird in HRC (Hardness Rockwell Cone) angegeben. Dazu wird ein Diamantkegel in den Stahl gedrückt und gemessen, wie tief er eindringt. Einige Messer-Hersteller führen diese Härteprüfung bei jeder Klinge durch. Der Abdruck des Diamanten gilt dabei als Gütesiegel.

MEISTER DER WÄRMEBEHANDLUNG

Ein beachtlicher Teil des Erfolgs der Firma Buck ist auf einen bestimmten Namen zurückzuführen: Paul Bos, ein in der Messerwelt sehr bekannter Experte für Wärmebehandlung. Seit einem Metallprojekt in der Schulwerkstatt beschäftigt sich Paul mit dem Härten und Anlassen von Stahl. Sein Leben lang hat er in diesem Bereich gearbeitet, seine Zusammenarbeit mit Buck reicht bis in die 1960er Jahre zurück. Einige Jahre gehörte ihm Kaliforniens größte Härterei, bis ihm die Arbeit zu viel wurde und er den Betrieb 1980 verkaufte.

Aus Freundschaft zur Familie Buck und Liebe zu Messern half Paul Bos dabei, Bucks firmeneigene Härterei einzurichten. Noch in den 1980ern führte diese Zusammenarbeit dazu, dass Paul auf dem Firmengelände von Buck ein neues Unternehmen zur Härtung von Messerklingen gründete, in dem nicht nur die Klingen von Buck, sondern auch die anderer Hersteller und Messermacher wärmebehandelt wurden. 2001 verkaufte Bos die Firma komplett an Buck, 2010 ging er in den Ruhestand. Seitdem wird „Paul Bos Heat Treating" als Unternehmensbereich von Buck betrieben.

Paul Bos entwickelte ein spezielles Härteverfahren, bei dem die Klingen erst geglüht, dann tiefgekühlt und anschließend wieder angelassen wurden. So konnte er das Optimum aus Bucks Standardstahl 420HC herausholen. Die mit Pulverstahl versehenen Premium-Modelle von Buck werden einer besonders aufwendigen Wärmebehandlung unterzogen und entsprechend gekennzeichnet. „Keiner kommt Paul in seiner Hingabe für die Härtung von Messerklingen gleich", lobt Chuck Buck. „Er ist der lebende Beweis dafür, dass man mehr als nur guten Stahl braucht, um eine gute Klinge zu fertigen - was man mit dem Stahl tut, macht den Unterschied aus."

Fotos: Buck

Paul Bos ist ein in der Messerwelt respektierter Experte für Wärmebehandlung.

Die Härtung von Paul Bos wird von Buck als Gütesiegel verwendet.

Grundsätzlich gilt: Je härter die Klinge, desto schnitthaltiger, aber auch bruchanfälliger. Die Wissenschaft ist hier, den richtigen Kompromiss zu finden.

Ein wichtiger Faktor für die Härte ist der Einsatzzweck: Ein richtig großes Bushcraftmesser, das Belastungen wie Hacken aushalten soll, wird auf eine niedrigere Härte von rund 55 HRC gebracht. Ein auf Schnitthaltigkeit ausgelegtes Taschenmesser dagegen kann man deutlich höher härten. Für rostbeständige Standardstähle gelten rund 59 HRC als gute Härte, bei modernen Pulverstählen wird dagegen noch über 61 HRC hinausgegangen.

Für die Wärmebehandlung wird der formgeschliffene Klingenrohling zum Glühen gebracht und dann in einem kalten Medium wie Wasser oder Öl oder

DIE GRUNDTYPEN VON MESSERSTÄHLEN

	ZUSAMMENSETZUNG	VORTEILE	NACHTEILE
Carbonstahl, niedrig legierter Stahl (z.B. 1095, C75)	• außer Carbon kaum Legierungselemente	• Schneide kann zu sehr feinen Winkeln geschliffen werden • zäh und belastbar • sehr einfach nachzuschärfen	• rostet sehr schnell und ziemlich stark • weniger schnitthaltig
höher legierter Werkzeugstahl (z.B. D2, A2, W2)	• mittlerer Chromgehalt • spezielle Legierungselemente in höheren Anteilen	• sehr schnitthaltig • Schneide kann zu feinen Winkeln geschliffen werden • lässt sich recht hoch härten • recht gut nachzuschärfen	• mehr oder weniger rostträge
rostbeständiger Stahl (z.B. 440C, N690, 14C28N)	• mehr als 13 % Chrom • weitere Legierungselemente in unterschiedlich hohen Anteilen	• rostbeständig • mit steigendem Anteil von Legierungselementen verschleißfest	• Schneide kann nicht zu wirklich feinen Winkeln geschliffen werden • weniger elastisch • große, unregelmäßig verteilte Karbide • mit steigendem Anteil von Legierungselementen schwerer zu schärfen
Pulverstahl (z.B. S35VN, M390)	• extrem hohe Anteile von Chrom* und anderen Legierungselementen * mit Ausnahme der pulvermetallurgischen Werkzeugstähle	• rostbeständig* • Schneide kann zu feinen Winkeln geschliffen werden • sehr hoch härtbar • sehr schnitthaltig • sehr verschleißfest • kleine und feiner verteilte Karbide	• schwer zu schärfen

MESSER SCHÄRFEN

Das Schärfen von Messern ist ein Thema für sich. Das Schärfergebnis ist von mehreren Faktoren abhängig:

- dem Grad der Abnutzung
- der Stahlsorte
- dem verwendeten Schärfmedium
- dem eigenen handwerklichen Können

Foto: Spyderco

Während handwerklich begabte Messerfans mit Vorliebe freihändig auf klassischen Wassersteinen schärfen, trauen sich das viele nicht zu und wählen deshalb ein Gerät mit einstellbaren Schleifwinkeln (Foto: Spyderco *Triangle Sharpmaker*). Bei Messern mit sehr verschleißfestem Pulverstahl ist Schärfen mit normalen Steinen kaum möglich – hier benutzt man am besten Diamantsteine. Das Thema Schärfen in der nötigen Ausführlichkeit zu behandeln, würde an dieser Stelle viel zu weit führen. Darüber sind zahlreiche eigene Bücher geschrieben worden. Empfehlenswert für Einsteiger: *Messer schärfen leicht gemacht. Praktische Tipps für Anfänger und Profis* von Stefan Steigerwald und Peter Fronteddu.

manchmal auch Druckluft abgeschreckt. Dadurch kommt es zu einer Veränderung im Stahlgefüge: Die Klinge ist jetzt sehr hart, aber gleichzeitig auch sehr spröde. Um die Bruchgefahr zu reduzieren, wird die Klinge angelassen – gewissermaßen bei niedrigeren Temperaturen von rund 300 Grad gebacken. Erst nach der abgeschlossenen Wärmebehandlung hat der Stahl die richtige Härte und Zähigkeit.

Für jede Stahlsorte gibt es jeweils einen maximalen und einen empfohlenen Härtebereich. Wenn dieser nach der Wärmebehandlung überschritten ist, ist die Klinge bruchanfällig. Für jede Stahl-Legierung ist deshalb eine individuelle und passgenaue Wärmebehandlung nötig. Wie wichtig das ist, lässt sich sehr gut an den Messern von Buck erkennen. Bei den Modellen, die nicht in Fernost, sondern in den USA gefertigt werden, arbeitet die Firma meist mit dem Härte-Spezialisten Paul Bos zusammen. Bos ist dafür bekannt, dass er aus dem eigentlich recht einfachen 420HC-Stahl eine beachtliche Leistung herauskitzeln kann (Seite 209).

Die unterschiedlichen Eigenschaften der Stahl-Legierungen erzeugt man, indem dem Eisen beim „Stahlkochen“ oder im pulvermetallurgischen Verfahren (dazu gleich mehr) weitere Elemente wie Kohlenstoff, Chrom, Molybdän oder Vanadium hinzugefügt werden. Bei Messerstählen unterscheidet man

Messermacher David Lespect verwendete hier den nicht rostbeständigen Werkzeugstahl W1 und härtete ihn differenziell nach Art eines Samuraischwerts, was sich durch eine Härtelinie abzeichnet.

anhand ihrer Eigenschaften vier Grund-Typen (Tabelle Seite 210).

Klassische Carbonstähle werden eigentlich nur noch bei traditionellen Taschenmessern wie zum Beispiel von Opinel oder Case eingesetzt und spielen bei modernen Taschenmessern wegen ihrer hohen Rostanfälligkeit keine Rolle. Sie werden aber von Messermachern verwendet: In der Regel, um die Klinge wie bei einem Samuraischwert differenziell zu härten und dadurch eine sichtbare Härtelinie (Hamon) zu erzeugen, was mit höher legierten Stählen nicht geht. Das hat keine funktionalen Vorteile gegenüber modernen High-End-Stählen, sondern ist für Liebhaber der klassischen Handwerkskunst gedacht.

Höher legierte, rostträge Werkzeugstähle sind bei Foldern auch nicht unbedingt der Stahl der Wahl, denn gegenüber feststehenden Messern ist Rost bei Taschenmessern ein deutlich größeres Problem. Diese Stähle werden von Messermachern überwiegend für Liebhaberstücke verwendet, die sorgfältig gepflegt und meist nur in der Vitrine aufbewahrt werden.

Eine Ausnahme stellt D2 dar, der in den letzten Jahren immer stärker bei modernen Foldern zu sehen ist: Dieser Stahl ist nicht teuer, lässt sich gut verarbeiten und besitzt einen hohen Anteil von Kohlenstoff (1,5 Prozent) und einen relativ hohen Anteil von Chrom (11,5 Prozent). D2 vereint damit viele der guten Eigenschaften eines klassischen Carbonstahls mit einer ziemlich hohen Rostbeständigkeit – er ist nämlich rostträge.

Foto: Spyderco

SPEZIAL-LEGIERUNGEN

Das Grundprinzip eines Practical Folders ist, in einer Vielzahl von Situationen möglichst effektiv zu sein. Deshalb stellen auch die verwendeten Stähle eine mehr oder weniger ausgewogene Mischung der Eigenschaften Schnitthaltigkeit, Rostbeständigkeit, Belastbarkeit und Nachschärfbarkeit dar. Für spezielle Einsatzzwecke benötigt man jedoch Legierungen, die stärker rostbeständig sind.
Zum Beispiel sind die Messer in Spydercos „*Salt*"-Linie – wie der Name schon sagt – für Einsatzzwecke entworfen, bei denen man ständig mit Salzwasser oder überhaupt mit Wasser in Berührung kommt: Fischerei, Tauchen, Hochsee-Angeln, aber auch Surfen oder Kanusport. Daher werden für diese Messer auf Rostbeständigkeit ausgelegte Spezial-Legierungen wie etwa H-1 verwendet. H-1 enthält viel Chrom, aber nur wenig Kohlenstoff – stattdessen größere Mengen von Stickstoff und Kupfer.

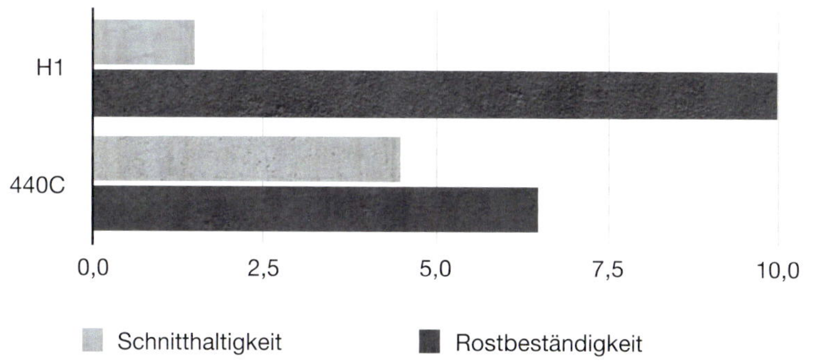

Verglichen mit einem Standardstahl wie 440C ist H-1 zwar extrem rostbeständig, aber auch weniger schnitthaltig.

ROSTBESTÄNDIGER STAHL

Der überwiegende Teil aller modernen Taschenmesser besitzt Klingen aus rostbeständigem Stahl mit mehr als 13 Prozent Chrom. Zusätzlich weisen diese Stähle noch einen mehr oder weniger hohen Anteil von Legierungselementen auf. Da Taschenmesser meist in der Hosentasche getragen werden und ständig verdunstendem Schweiß ausgesetzt sind, kommt der Rostbeständigkeit eine hohe Bedeutung zu. Umgangssprachlich wird rostbeständiger Stahl oftmals als rostfrei (auch Stainless oder Inox) benannt. Das ist jedoch technisch nicht korrekt und führt deswegen zu falschen Erwartungen: Bei lang anhaltender Feuchtigkeit rosten im Prinzip alle Messerstähle. Auch die Bezeichnung Edelstahl ist sachlich unrichtig. Wirklich rostfreie Edelstähle mit hohen Anteilen von Chrom und Nickel, aber nur wenig Kohlenstoff, sind nicht ausreichend härtbar und deshalb nicht für Klingen geeignet. Sie werden höchstens für Messergriffe verwendet.

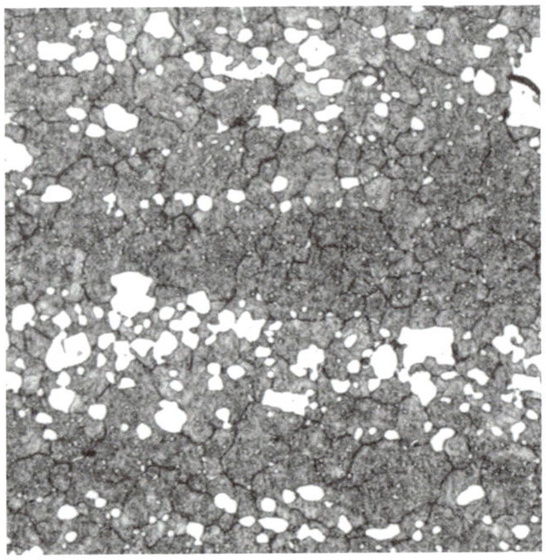

Karbide (weiß) sind härter als das Stahlgefüge und entstehen aus der Verbindung von Kohlenstoff mit anderen Elementen wie Eisen, Chrom oder Vanadium. Hier ein karbidreicher Stahl.

Foto: Voestalpine/Boehler

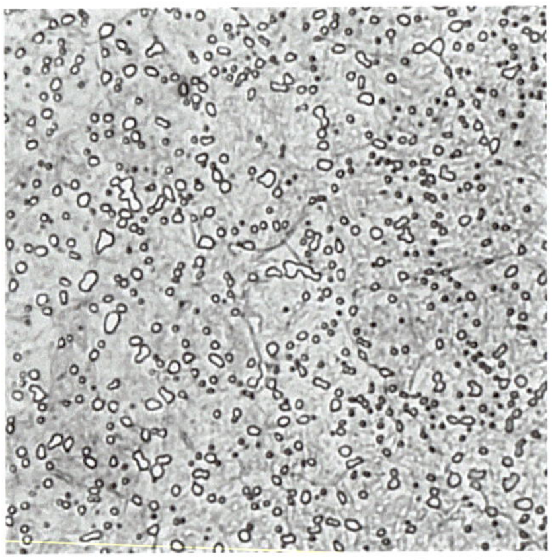

Im Vergleich dazu eine Gefügeaufnahme eines 12C27-Stahls von Sandvik. Es sind ebenfalls Karbide eingelagert, sie sind jedoch viel kleiner und gleichmäßiger verteilt.

Foto: Sandvik

Die Bandbreite der rostbeständigen Klingenstähle ist sehr groß. Sie reicht vom billigen 420er-Stahl über die einfachen Stahlsorten 440A und 420HC bis hin zu den hochwertigeren Sorten wie 154-CM und VG-10. Letztere haben einen hohen Anteil von Legierungselementen, die die Stähle verschleißfest machen. Sie verleihen dem Stahl also bestimmte Eigenschaften. Jedoch können die Elemente Wechselwirkungen untereinander haben, daher muss man sie sehr genau und gezielt abmischen, um zu verhindern, dass die Wirkung eines Elements nicht durch ein anderes wieder aufgehoben wird.

Man kann beim Stahlkochen leider nicht einfach beliebig viele Legierungselemente hinzufügen und so einen „Superstahl" schaffen. Obwohl sich die industrielle Stahlherstellung im 20. Jahrhundert enorm entwickelt hat, bleiben beim rostbeständigen Stahl zwei technische Probleme bestehen:

Eisen, das Hauptelement im Stahl, kann nur eine begrenzte Menge von

Legierungselementen binden. Alles darüber hinaus Gehende wird nach der Schmelze beim Abkühlen wieder ausgeschieden. Fügt man beim Stahlkochen zum Beispiel zu viel Kohlenstoff hinzu, wird er beim Abkühlen als Graphit wieder ausgeschieden – und man erhält keinen guten Stahl, sondern nicht härtbares Gusseisen.

Das zweite Problem von rostbeständigem Stahl sind zu große, unregelmäßige Karbide. Diese bilden sich beim Stahlkochen aus bestimmten Elementen wie Chrom, Vanadium, Molybdän oder Wolfram in Kombination mit Kohlenstoff. Diese mikroskopisch kleinen Verbindungen sind extrem hart – viel härter als die umgebende Stahlmatrix.

DIE LEGIERUNGSELEMENTE UND IHRE WIRKUNGEN

Kohlenstoff (C)	+ erhöht Härte, Schnitthaltigkeit, Zugfestigkeit und Verschleißfestigkeit – macht in höheren Anteilen bruchanfällig
Chrom (Cr)	+ sorgt für Rostbeständigkeit, erhöht Härte, Zugfestigkeit und Verschleißfestigkeit – verringert die Belastbarkeit
Molybdän (Mo)	+ erhöht Härte, Härtbarkeit, Belastbarkeit, Rostbeständigkeit und maschinelle Bearbeitbarkeit, sorgt für feineres Stahlgefüge
Vanadium (V)	+ erhöht Belastbarkeit und Verschleißfestigkeit, sorgt für feineres Stahlgefüge
Mangan (Mn)	+ erhöht Härtbarkeit, Verschleißfestigkeit und Zugfestigkeit – macht in höheren Anteilen bruchanfällig
Stickstoff (N)	+ kann Kohlenstoff in gewissen Maßen ersetzen - wirkt ähnlich, ist aber nicht anfällig gegenüber Rost
Kobalt (Co)	+ erhöht Härte, Belastbarkeit und Warmfestigkeit, wirkt verstärkend auf andere Elemente
Niob (Nb)	+ erhöht Belastbarkeit und Rostbeständigkeit, sorgt für feineres Stahlgefüge
Wolfram (W)	+ erhöht Belastbarkeit und Härtbarkeit
Nickel (Ni)	+ erhöht Belastbarkeit, Härte und maschinelle Bearbeitbarkeit
Silizium (Si)	+ erhöht Belastbarkeit
Phosphor (P)	+ erhöht maschinelle Bearbeitbarkeit und Härte – macht in höheren Anteilen bruchanfällig
Schwefel (S)	+ erhöht maschinelle Bearbeitbarkeit – verringert in höheren Anteilen die Härte
Kupfer (Cu)	+ erhöht Rostbeständigkeit

Deshalb erhöhen sie die Schnitthaltigkeit der Klinge, was erst einmal positiv ist. Beim Erkalten des kochenden Stahls verklumpen die kleinen Karbidteilchen aber. Werden sie dabei (auf mikroskopischer Ebene) zu groß, kann die Matrix sie nicht mehr halten. Liegt dann solch ein Karbidklumpen genau an der Schneidkante einer Messerklinge, bricht er bei Belastung aus. An diesen Stellen können sich längere, mikroskopische Risse bilden.

Aufgrund des Karbidproblems kann man rostbeständige Stähle nicht zu extrem feinen Schneiden mit kleinem Schneidenwinkel schleifen, weil hier die Gefahr des Ausbrechens zu groß ist. Daher wird für rostbeständige Stähle ein moderat robuster Schneidenwinkel von rund 40 Grad empfohlen. Sehr verschleißfeste, rostbeständige Stähle mit hohem Karbidanteil sind zudem auch schwer nachzuschärfen.

PULVERSTAHL

Als Lösung dieser Probleme von zu großen Karbiden und Begrenzungen von Legierungselementen wurde Pulverstahl entwickelt. Pulvermetallurgisch erzeugte Stahlsorten werden nicht durch Stahlkochen, sondern Hippen (HIP = Hot Isostatic Pressing) gefertigt. In diesem Verfahren bilden sich keine größeren Karbidklumpen.

Am Anfang steht das Metallpulver. Dafür wird eine Stahlschmelze mit den

SO ENTSTEHT PULVERSTAHL

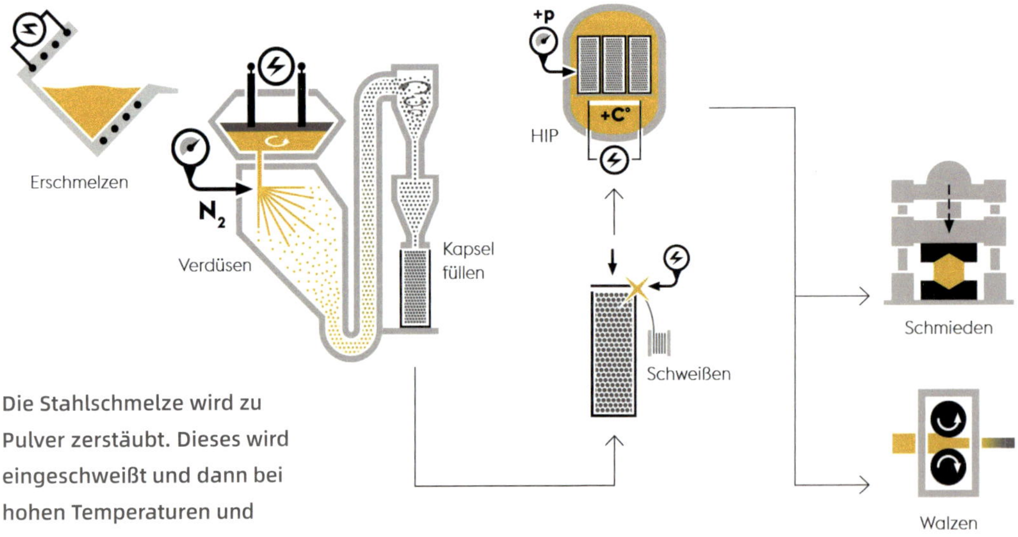

Die Stahlschmelze wird zu Pulver zerstäubt. Dieses wird eingeschweißt und dann bei hohen Temperaturen und hohem Druck gepresst.

Grafik: Voestalpine/Boehler

Foto: Sandrin

KLINGEN AUS WOLFRAMKARBID

Wolframkarbide entstehen aus der Verbindung von Wolfram (engl. Tungsten) und Kohlenstoff und werden zur Herstellung von Hartmetallen verwendet. Extrem hartes Wolframkarbid ist als Material für Bohrer, Drahtschneider, Glasbrecher und Messerschärfer bekannt. Eine Verwendung für Messerklingen galt durch die Bruchempfindlichkeit, die mit der Härte einhergeht, lange Zeit als nicht möglich.
Die italienische Firma Sandrin fand aber eine passende Legierung. Die genaue Mixtur bleibt ein Geheimnis, aber im Prinzip wird eine Mischung von Wolframkarbidpulver und Kohlenstoff bei 1400 bis 2000 Grad Celsius gesintert. Dabei entsteht eine sehr feine und extrem feste Molekülstruktur. Am Ende der Prozedur haben die Klingen eine Härte von stolzen 71 HRC und sind laut Hersteller wesentlich belastbarer als Keramik - wenn auch nicht so belastbar wie Stahl.
Die Sandrin-Klingen erreichen eine Schnitthaltigkeit, die handelsüblichen Stählen weit überlegen ist. Im Praxistest von MESSER MAGAZIN wurde ermittelt, dass die Schneide mindestens doppelt so lange scharf bleibt wie beim bereits sehr verschleißfesten Pulverstahl M390. Das Nachschärfen kann allerdings nur mit Diamant oder Sinterrubin erfolgen, herkömmliche Schleifsteine oder Keramik haben keine Chance.

gewünschten Legierungsbestandteilen erzeugt. Bevor der flüssige Stahl abkühlen kann, wird er durch kleine Keramikdüsen in eine mit Stickstoff gefüllte Kammer gespritzt. Dabei wird das flüssige Metall durch einen harten Strahl aus Stickstoffgas in Partikel von rund 0,1 Millimeter Durchmesser zerstäubt. Diese kleinen Partikel kühlen ab und erstarren beim Herabfallen. Sie landen als feines Metallpulver am Boden der Kammer. Die Abkühlung erfolgt derart schnell, dass es dabei nicht zum Abscheiden der Legierungselemente kommen kann und die auch Karbide winzig klein bleiben.

Das feine Metallpulver wird unter Vakuum in einen großen Edelstahlzylinder gefüllt, der zugeschweißt wird. Im Anschluss kommt das Hippen: Der

Foto: Sharp by Coop

Messermacher Richard Rogers verwendete für die Klinge des *Axiom* pulvermetallurgischen Damasteel.

versiegelte Zylinder wird bei 1150 Grad Celsius und einem Druck von 1000 bar zusammengepresst. Dadurch wird das Pulver gesintert, gewissermaßen festgebacken. Es entsteht ein massiver Stahlblock.

Vorteile des Pulverstahls: größere Anteile von Legierungselementen, keine Lufteinschlüsse oder Unreinheiten sowie eine sehr feine Karbidverteilung. Pulverstahl ist belastbarer als herkömmlicher, rostbeständiger Stahl und vor allem erheblich verschleißfester und schnitthaltiger. Dafür ist er aber auch deutlich teurer und schwerer nachzuschärfen.

DAMASZENERSTAHL

Ein bei Messerfans sehr beliebtes Material ist Damaszenerstahl. Zwei oder mehr verschiedene Stahl- und/oder Eisensorten werden im Schmiedefeuer miteinander verschweißt. Der Name Damaszenerstahl (oder auch Damast) kommt von der syrischen Stadt Damaskus – im Mittelalter ein Hauptumschlagplatz für Schwerter und andere Waffen. Schon vor der Völkerwanderungszeit kam irgendein europäischer Waffenschmied auf die geniale Idee, mehrere Schichten von weichem Eisen und hartem Stahl (beziehungsweise weicherem und härterem Stahl) abwechselnd zusammenzuschweißen, um so eine elastische und zugleich harte Klinge zu erhalten. Im Prinzip handelt es sich also um ein Veredelungsverfahren. Ätzt man blank geschliffenen Damaszenerstahl mit Säure, zeigen sich die Schichten als Muster, da die kohlenstoffreicheren Partien stärker angegriffen werden und sich dunkel färben.

Je nach Schmiedetechnik kann man bestimmte Muster erzeugen, die im Frühmittelalter vermutlich auch magische Bedeutung hatten. In einer Zeit, in der vernünftig durchgeschmiedeter Stahl fast unerschwinglich war, stellte Damaszenerstahl einen Höhepunkt der Technik dar, der den meisten Schwertklingen natürlich haushoch überlegen war. Als guter Stahl preiswerter wurde, war auch Damast technisch überholt. Dennoch blieb Damaszenerstahl eine Legende. Mit dem Boom handgearbeiteter Custom Knives wurde er auch in der Messerwelt populär.

Bei der Schneidleistung hat Damaszenerstahl keine Vorteile gegenüber modernen Stahlsorten. Er besitzt aber immer noch seinen besonderen Nimbus und begeistert vor allem durch die faszinierende Optik seiner Muster. Aus praktischer Sicht ist das leider auch ein Nachteil: Wer eine solche Klinge bei der Arbeit verkratzt, ärgert sich ungleich mehr als bei Monostahl. Kein Wunder, dass Damastmesser oft nicht benutzt werden, sondern gleich in einer Vitrine landen.

Eine technische Innovation stellte Anfang der 1980er Jahre die Erfindung des rostbeständigen Damasts durch die Messermacher Friedrich Schneider und Richard Hehn dar. Normalerweise lassen sich rostbeständige Stähle nicht feuerverschweißen: Der Chrom im Stahl reagiert bei Hitze mit dem Sauerstoff in der Luft und bildet auf der Oberfläche eine Oxidschicht, welche eine Schweißverbindung verhindert.

Die Lösung, die sich Schneider und Hehn einfallen ließen, war ebenso simpel wie bahnbrechend: Das Ausgangspaket mit rostfreien Stahlblechen wird in einer Blechdose eingeschweißt, anschließend wird daraus die Luft abgesaugt und die Dose versiegelt. Das Stahlpaket befindet sich nun innerhalb der Dose im Vakuum. Die gesamte Dose wird zum Glühen gebracht und kann nun feuerverschweißt werden.

Eine besondere Variante des rostbeständigen Damasts ist der Ende der

Damasteel wird in verschiedenen Mustern hergestellt (*Accomplice* von Steven Skiff).

Foto: CRKT

Das von Greg Lightfoot entworfene *M1* wurde von CRKT in Serie hergestellt. Die Klingen waren in verschiedenen Farben mit Titannitrid beschichtet.

1990er Jahre von der gleichnamigen Firma entwickelte Damasteel. Er wird pulvermetallurgisch hergestellt und besitzt damit alle Vorteile eines Pulverstahls. Zwei verschiedene Stahlpulver werden in einen Stahlzylinder gefüllt. Der besondere Trick dabei ist, dass sich die verschiedenen Pulver beim Füllen nicht zu einem Einheitsbrei miteinander vermischen, sondern dass die jeweiligen Schichten erhalten bleiben. Dann erfolgen das Vakuumieren und das Hippen. Damasteel ist ein sehr teurer Werkstoff, der nur selten bei seriell hergestellten Messern verwendet wird.

Für moderne Folder wird Damaszenerstahl in spezialisierten Werkstätten oder größeren Industriebetrieben hergestellt. Große Stahlbleche werden glühend zusammengewalzt, dabei wird die gesamte Walzstraße unter Schutzgasatmosphäre oder ins Vakuum gesetzt. Besonders beliebt bei modernen Messern ist Damast mit Schneidkern. Die Kernlage besteht aus einem rostbeständigen Stahl wie VG-10 oder bei günstigeren Modellen 8Cr13MoV. An beiden Flanken werden mehrere Lagen rostbeständigen Damaszenerstahls aufgewalzt. Dieser besondere Damast wird häufig mit seinem japanischen Namen Suminagashi oder auch San Mai bezeichnet.

BESCHICHTUNGEN UND FINISH

Bei etlichen Taschenmessern auf dem Markt sind die Klingen beschichtet, lediglich die Schneidfase liegt noch frei. Neben der Optik verfolgen die Hersteller damit auch funktionale Zwecke: Zum einen soll die Klinge vor Korrosion geschützt werden, zum anderen werden die Schneideigenschaften verbessert. Besonders glatte Beschichtungen wie Teflon (PTFE) sorgen dafür, dass die Klinge einfacher durch das Schnittgut gleitet. Dagegen sollen sehr

Foto: CRKT

harte Beschichtungen wie DLC die Klinge zudem vor Kratzern schützen.

Bei feststehenden Messern findet man auch dickere Pulver-Beschichtungen auf Epoxid-Basis. Das würde bei Taschenmessern die Mechanik stören. Hier ist die Beschichtung hauchdünn, Hartstoffbeschichtungen sind nur wenige Mikrometer stark.

Beschichtungen werden auf verschiedene Arten aufgebracht: durch Aufsprühen, Aufdampfen (CVD = Chemical Vapour Deposition), Galvanisieren oder Vakuum-Dampf-Beschichten. Letzteres wird meist mit der Abkürzung PVD (Physical Vapour Deposition) bezeichnet. Je nach Beschichtung folgt dann eine Wärmebehandlung, die die Beschichtung fest mit der Stahloberfläche verbindet.

Im Lauf der Zeit wurden von den Messer-Herstellern verschiedene Beschichtungsmethoden ausprobiert, von denen sich aber langfristig nur einige wenige durchgesetzt haben. Man kann bei Beschichtungen drei Grundtypen unterscheiden:

- Chemische Beschichtung: Mittels Chemikalien wird eine Oxidierung der Klingenoberfläche erzeugt, zum Beispiel Black Oxide.
- Polymer-Beschichtung: Unter anderem Teflon, Dura-Coat, Gun-Kote und auch Cera-Kote (mit Keramik-Anteil).
- Hartstoff-Beschichtung: Dazu zählen Titannitrid (TiN), Titancarbonitrid (TiCN) oder Titanaluminiumnitrid (TiAlN), DLC (Diamond-Like Carbon) auf Graphit-Basis sowie Chrom-Verbindungen wie Chromnitrid (CrN).

Während bei klassischen Carbonstählen durch Feinschliff-Methoden wie dem traditionellen Solinger Blau-Pließten eine Verdichtung der Oberfläche und damit auch ein gewisser Rostwiderstand erreicht wird, hat das Finish bei den modernen, verschleißfesten und rostbeständigen Messerstählen zwei

Das CRKT *Anubis* im Design von Allen Elishewitz mit grau glasperlgestrahlter Klinge und schwarzer Titannitrid-Beschichtung.

Hier sind Hauptfase und Klingenspiegel in zwei verschiedenen Richtungen satiniert.

Gründe: Durch ein möglichst glattes Finish ergibt sich ein spürbar sauberer Schnitt. Und dann dient das Finish natürlich auch der Optik. Je nach gewünschter Optik wird die Oberfläche satiniert (mit feinem Schleifband und Polierbürsten bearbeitet), wodurch sich eine mehr oder weniger fein geschliffene Fläche ergibt. Gewöhnlich wird im 90-Grad-Winkel zur Längsachse satiniert, aber man findet oft auch andere Winkel, was der Klinge eine dynamischere Optik verleiht. Bei hochwertigen Messern werden häufig verschiedene Satinierungen kombiniert.

Manchmal wird die Oberfläche auch gestrahlt. Beim Sandstrahlen mit Korund-Partikeln erhält man ein mattgraues Finish. Dies raut die Oberfläche allerdings stark auf und macht sie so anfälliger gegen Rost. Das Strahlen mit runden Glasperlen hinterlässt ebenfalls eine mattgraue Oberfläche, greift den Stahl aber weniger stark an – je nach Stahl kann Glasperlstrahlen sogar leicht verdichtend auf die Oberfläche wirken. Auf gestrahlten Oberflächen sieht man allerdings Kratzer besonders gut.

Sehr häufig findet man auch das sogenannte Stonewash-Finish. Dafür wird das Werkstück beim als Trowalisieren bezeichneten Verfahren zusammen mit Schleifpartikeln in eine Gleitscheifanlage gegeben. Je nach Größe der Schleifpartikel und Dauer der Bearbeitung ergibt sich ein mehr oder weniger feines Kratzmuster, das fast kristallin wirkt. Das sieht nicht nur cool aus, sondern hat den positiven Effekt, dass kleinere Kratzer, die beim Gebrauch unweigerlich entstehen, nicht weiter auffallen.

Funktional gesehen ist Stonewash das anwenderfreundlichste Finish. Um eine dunklere Optik zu erzielen, kann man das Metall vor dem Gleitschleifen noch ätzen (Acid Stonewash) oder mit einer Hartstoffbeschichtung überziehen (Blackwash). Bei diesen Stonewash-Varianten ergibt sich ein spezieller Used Look (Seite 224).

STAHLSORTEN UND IHRE EIGENSCHAFTEN

Viele Messerhersteller geben bei den verwendeten Stahlsorten an, welche Anteile von Legierungselementen enthalten sind. Um daraus die Eigenschaften ablesen zu können, sind solide metallurgische Grundkenntnisse nötig.

Ich habe daher für die wichtigsten Stahlsorten auf dem Markt die Eigenschaften Schnitthaltigkeit, Rostbeständigkeit, Belastbarkeit und einfache Schärfbarkeit in grafischer Form zusammengestellt.

STAHLSORTEN UND IHRE EIGENSCHAFTEN

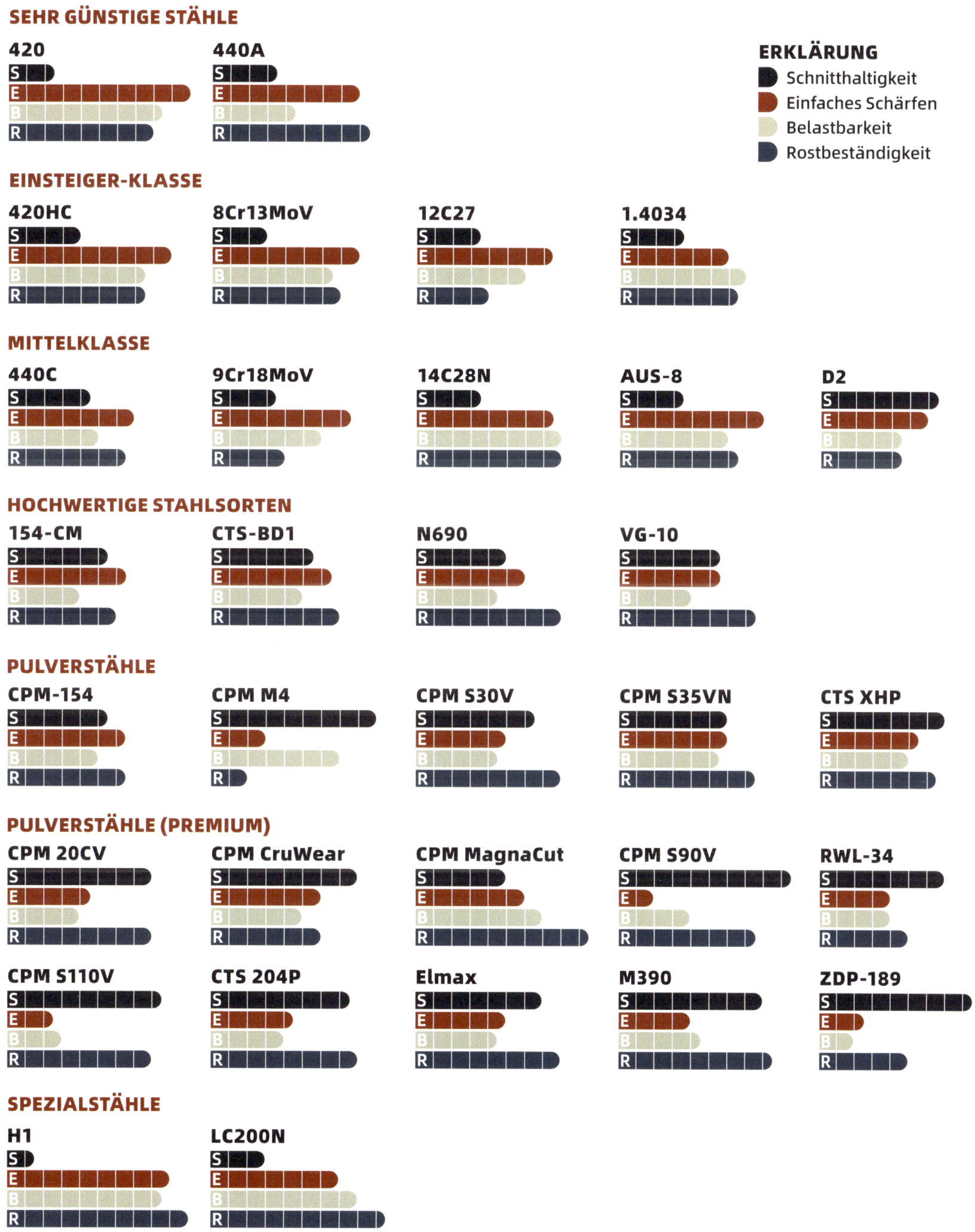

Klingen mit verschiedenen Stonewash-Varianten:
Mattgrau geätztes Stonewash (Prototyp SteelTac *No. 1*) •
PVD-beschichtetes Stonewash (Fox *M1*) •
Blackwash (Böker Plus *Field Folder*) •
helles Stonewash (Kershaw *CQC-10K*).

BÖKER
0239

Foto: Sharp by Coop

KAPITEL 11

MESSERVERBOTE: SINNLOSE SYMBOLPOLITIK

„Wo Unrecht zu Recht wird, wird Widerstand zur Pflicht."

Motto der Bürgerrechtsbewegung

„Mein Taschenmesser ist doch keine Waffe, also geht mich das Waffengesetz auch nichts an." Solche Sätze habe ich viele Male gehört. Die bittere Wirklichkeit ist: Auch Gebrauchsmesser sind von waffenrechtlichen Verboten betroffen. Deshalb will ich hier nicht nur die aktuelle Rechtslage*, sondern auch die Mechanismen hinter Verboten erklären – damit man nicht davon überrascht wird und tatenlos zusehen muss. Denn eines ist klar: Es ist nicht die Frage, ob wieder neue Messerverbote gefordert werden, sondern wann.

MESSERVERBOTE BEWIRKEN NICHTS

Bei den in Deutschland in den letzten 20 Jahren immer schärfer gewordenen Messerverboten handelt es sich um reine Symbolpolitik: Anstatt konsequent gegen Verbrecher vorzugehen, kriminalisieren Regierung und Behörden lieber unbescholtene Bürger. Messerverbote sind keine Lösung für Alltagskriminalität, denn Polizei und Justiz wurden „über Jahrzehnte systematisch kaputtgespart. Es fehlt an Personal und moderner Ausstattung", wie der Berliner Oberstaatsanwalt Ralph Knispel in seinem Buch *Rechtsstaat am Ende* bestätigt. Er beklagt ein „Versagen des Rechtsstaats, der seinen Aufgaben zur Wahrung der inneren Sicherheit längst nicht mehr nachzukommen vermag".

Zur Lösung des Problems wären mehr Polizei und konsequente Bestrafung nötig – doch das will man anscheinend sowohl aus ideologischen als auch aus finanziellen Gründen nicht in Angriff nehmen. Messerverbote sind ein

* Stand bei Drucklegung (März 2023). Den aktuellen Gesetzestext kann man beim Justizministerium nachlesen: www.gesetze-im-internet.de

Linke Seite: Auch wertvolle Kunstwerke wie dieses Taschenmesser von David Sharp sind vielen Politikern ein Dorn im Auge.

ENGLISCHE ERFAHRUNGEN

Trotz strengster Messerverbote steigt die Zahl der Messerverbrechen immer weiter.

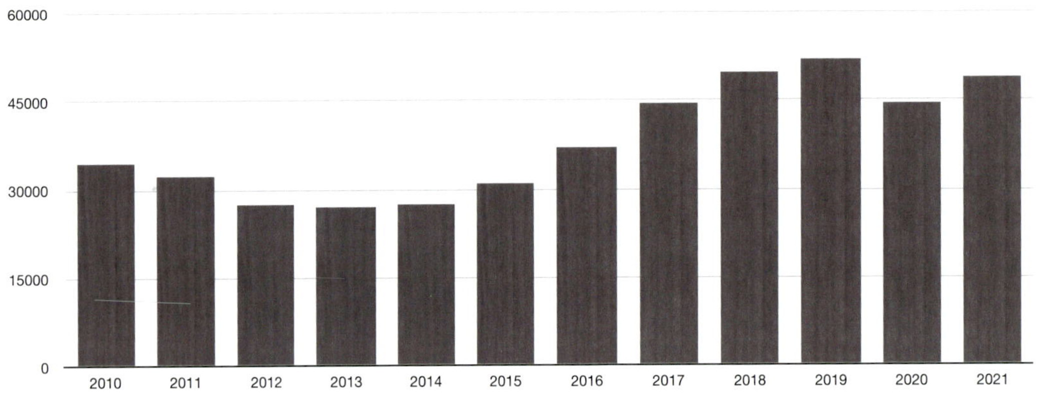

Quelle: Office of National Statistics, UK

willkommenes Ablenkungsmanöver: Sie lösen das Problem zwar nicht, kosten aber auch nichts. Messerfreunde sind die Sündenböcke.

Leider gibt es in Deutschland noch keine längerfristige Statistik, aus der sich ablesen ließe, wie sich Straftaten im Zusammenhang mit Messern entwickeln. Dagegen werden sie in England schon seit vielen Jahren statistisch erfasst. Dort herrschen extrem strenge Messergesetze: Inzwischen darf man in englischen Städten praktisch nirgendwo mehr ein noch so harmloses Schweizer Taschenmesser tragen.

Aber trotz aller Verbote und Medienkampagnen nahm die Zahl der Verbrechen unter Einsatz von Messern weiter zu – 2019 auf die höchste Rate seit über 50 Jahren. Nach einem pandemiebedingten Rückgang in 2020 stiegen die Verbrechen wieder spürbar an. Die Zahlen aus England beweisen, das Messerverbote ihren Zweck nicht erfüllen.

FEINDBILD EINHANDMESSER

Die aus Sicht deutscher Messerfreunde größte Ungerechtigkeit ist der seit 2008 geltende § 42a des Waffengesetzes. Der hauptsächlich Verantwortliche dafür ist der damalige Berliner Innensenator Ehrhart Körting (SPD). In Berlin „gibt es die meisten Straftaten, und hier werden die wenigsten aufgeklärt“, so Oberstaatsanwalt Ralph Knispel. 2007 kam eine Aufsehen erregende Tat hinzu: Am Tegeler Badesee eskalierte ein Streit, und drei Jugendliche attackierten einen Familienvater. Ein junger Mann (23), der schlichten wollte, wurde von hinten erstochen – und zwar mit einem damals bereits seit Jahren verbotenen Messertyp. Der Täter Erol A. (17) war nicht nur polizeibekannt, sondern auch vorbestraft. Im Alter von 15 Jahren hatte er schon einmal einen Menschen mit einem Fleischermesser angegriffen.

Durch diese Tat und die anhaltend hohe Kriminalitätsrate geriet Innensenator Körting in Zugzwang. Aber anstatt mehr Polizisten einzustellen, wählte er einen Sündenbock: Körting baute gezielt das Feindbild der Einhandmesser auf. „Leute, die solche Messer haben, tragen sie bewusst als Waffe oder nutzen sie als Drohgebärde", behauptete er. Ein Verbot sei sinnvoll, „allein schon um den Markt für Messer auszutrocknen".

Die Politik ignorierte sämtliche Gegenargumente, auch die von Polizei-Experten: „Körtings Verbotsplan ist verkehrt, unverhältnismäßig und nicht praktikabel", betonte der damalige Vorsitzende der Polizeigewerkschaft, Konrad Freiberg. Er sagte die Nutzlosigkeit voraus: Die Strafandrohung wegen unerlaubten Führens gehe gegenüber der Strafbewehrung der Gewalttat ins Leere – stattdessen würden Hunderttausende Bürger kriminalisiert. Die meisten deutschen Politiker waren aber für Verschärfungen des Waffenrechts aufgeschlossen, und so wurde aus Körtings Forderung ein Gesetzesvorschlag.

Körting gelang es, den Innenausschuss davon zu überzeugen, dass

Foto: UK Homeoffice

Foto: Essex Police

Oben: Sonny von den „Knife free"-Plakaten wurde zur öffentlichen Witzfigur. Links: Die Amnestie-Tonnen für Messer werden gerne ausgeraubt.

Foto: CRKT

Auch Rettungsmesser fallen unter § 42a. Behörden zeigen nur selten Einsicht oder Nachsicht.

Einhandmesser besonders gefährlich seien und „bei vielen gewaltbereiten Jugendlichen den Kultstatus des verbotenen Butterflymessers übernommen" hätten. Dabei handelte es sich um eine durch nichts belegbare Behauptung. Kurz vor der Abstimmung wurden die letzten Zweifler mit einem geschickt geschnittenen „Beweis-Video" einer angeblich tödlich verlaufenen Messer-Attacke auf Linie gebracht. Daraufhin wurden die Verbote im Bundestag durchgewunken.

So wurde das öffentliche Führen von „Hieb- und Stoßwaffen oder Messern mit einhändig feststellbarer Klinge (Einhandmesser) oder feststehenden Messern mit einer Klingenlänge über zwölf Zentimeter" im § 42a WaffG verboten. Man darf die Messer zwar völlig legal kaufen und besitzen, aber auf öffentlichem Gelände nicht führen. Dabei wurde radikal mit dem bisherigen Rechtsgrundsatz gebrochen, dass nur Waffen vom Waffengesetz erfasst werden. Vom § 42a sind dagegen auch Gebrauchsmesser betroffen.

Um das vorhersehbare Chaos zumindest auf dem Papier zu vermeiden, wurden Ausnahmeregelungen für den „sozialadäquaten Gebrauch" eingebaut. Demnach gilt das Führverbot nicht für den „Transport in einem verschlossenen Behältnis" oder wenn man ein „berechtigtes Interesse" anführen kann. Laut Waffengesetz liegt ein berechtigtes Interesse „insbesondere vor, wenn das Führen der Gegenstände

DÜRFEN MESSER EINGEZOGEN WERDEN?

Was viele Messerfreunde in Deutschland mindestens ebenso schreckt wie ein Bußgeld, ist der Verlust eines wertvollen Messers. Leider bietet der § 54 Absatz 2 WaffG grundsätzlich die Möglichkeit, dass Gegenstände, die mit der Übertretung eines Verbots in Zusammenhang stehen, nicht nur beschlagnahmt, sondern komplett eingezogen werden. Konkret bedeutet dies, dass man enteignet wird, und die Besitzrechte auf den Staat übergehen.

Foto: Warner Bros.

im Zusammenhang mit der Berufsausübung erfolgt, der Brauchtumspflege, dem Sport oder einem allgemein anerkannten Zweck dient". Diese Liste ist weder abschließend noch ausschließend. Die Verwaltungsvorschrift zum Waffengesetz (WaffVwV)* nennt als typische Gründe für ein berechtigtes Interesse „Picknick, Bergsteigen, Gartenpflege, Rettungswesen, Brauchtumspflege, Jagd und Fischerei".

Wenn man ein Einhandmesser als Werkzeug sieht und für sozial adäquate Zwecke einsetzt, dann entspricht das sowohl dem Gesetzestext selbst als auch der schriftlichen Gesetzesbegründung.

In Geist und Wortlaut des Gesetzes geht es also nicht darum, ob man ein Einhandmesser für einen behördlich abgesegneten Zweck braucht, sondern vielmehr ob man es sozialadäquat gebraucht – also, wozu man es gebraucht.

Bei der Einführung von § 42a beschwichtigte Körting noch, es gehe nur darum, „bei ohnehin stattfindenden Schwerpunkteinsätzen eine Handhabe zu haben, die Messer einzuziehen", und nicht etwa darum, „Messerkontrollen bei unbescholtenen Bürgern durchzuführen". In der Praxis wird der Paragraph durch die Behörden aber meist weitaus restriktiver gehandhabt.

Wie vom Polizei-Experten Freiberg befürchtet, kam es doch zur Kriminalisierung der Bürger. So wurden selbst die ausdrücklich im Gesetz genannten

Komplett erfundene Filmszenen wie das Messerduell in *Denn sie wissen nicht, was sie tun* haben die Sicht der Gesellschaft auf Taschenmesser nachhaltig sehr negativ beeinflusst.

* Nachzulesen unter: www.verwaltungsvorschriften-im-internet.de

EIN INTERESSANTES GERICHTSURTEIL

Messerverbote sind rechtlich durchaus angreifbar, wie ein Gerichtsurteil zeigt. 2019 hatte das Verwaltungsgericht Berlin ein von der Bundespolizei erlassenes Verbot zum Führen von Messern für Berliner Bahnhöfe und S-Bahnen einkassiert. Das Verwaltungsgericht gab dem Widerspruch eines Messerbesitzers recht (Az: VG 1 L 363.18): Alltägliche Gebrauchsmesser werden demnach erst nachträglich – aufgrund konkreten kriminellen Missbrauchs – im strafrechtlichen Sinne gefährlich. Das Führen eines Gebrauchsmessers überschreitet noch nicht die Gefahrenschwelle. Daher ist ein Führverbot zum Zwecke der Gefahrenabwehr im Vorhinein rechtlich nicht zulässig. Die Bundespolizei legte Widerspruch gegen dieses Urteil ein, da aber der Verbotserlass zeitlich endete, wurde dadurch auch das Gerichtsverfahren beendet und leider nicht bis zum Ende weitergefochten.

Ausnahmen wie Beruf und Sport oft nicht anerkannt. Der schwammig formulierte „allgemein anerkannte Zweck" wurde in vielen Fällen nachteilig für die Betroffenen ausgelegt. Geradezu berüchtigt ist ein Urteil des Oberlandesgerichts Stuttgart: Ein Einhandmesser in der Seitentür des Pkw, „um damit in einem eventuellen Notfall den Sicherheitsgurt durchschneiden zu können", diene demnach „keinem allgemein anerkannten Zweck" (Az: 4 Ss 137/11).

Wird man von der Polizei kontrolliert und hat ein Einhandmesser dabei, droht ein Bußgeld wegen einer Ordnungswidrigkeit. In der Praxis haben Polizisten einigen Ermessensspielraum. Manche akzeptieren ein glaubhaft gemachtes berechtigtes Interesse. Aber Messerfreunde können Pech haben, an den falschen Polizisten, Staatsanwalt oder Richter geraten und ein Bußgeld kassieren. Das ist das Restrisiko beim Führen von Einhandmessern. Wie die Erfahrung zeigt, ist bei Durchschnittsbürgern, die der Polizei nicht auffallen, die Wahrscheinlichkeit einer Kontrolle aber sehr gering. Ich habe in meinen Jahren als Redakteur von sehr vielen Lesern Aussagen gehört wie „Ich bin in meinem ganzen Leben noch nie von der Polizei gefilzt worden und schätze das Risiko eher gering ein".

DIE VERBOTSZONEN

Es gibt in Deutschland zwei verschiedene Arten von Verbotszonen: Die nach § 42 Abs. 5 WaffG und zusätzlich die nach Absatz 6. Die Landesregierungen dürfen nach Absatz 5 an Kriminalitätsschwerpunkten Waffen-Verbotszonen per Verordnung einrichten. Obwohl das Gesetz nur von Waffen spricht, sind dort auch Gebrauchsmesser verboten, das nationale Waffenrecht wird an diesem Punkt einfach durch zusätzliche Ländergesetze erweitert. Diese Zonen gibt es in verschiedenen Großstädten, zum Beispiel an der Hamburger Reeperbahn.

Wie zu erwarten war, nutzten diese Verbotszonen und auch der § 42a nichts. Dennoch forderten manche Politiker weitere Verschärfungen, an der Spitze Boris Pistorius (SPD), damals Niedersachsens Innenminister. Er forderte 2019, große Teile von Stadtgebieten in

Fotos: Polizei NRW

Durch § 42 Abs. 6 können die Bundesländer den Kommunen erlauben, nach Gutdünken Verbotszonen einzurichten.

Zonen zu verwandeln, in denen alle (!) Messer verboten wären. Zusätzlich sollten alle Klingen im gesamten öffentlichen Raum auf sechs Zentimeter begrenzt werden. In der Praxis wäre dies auf ein nahezu totales Führverbot von Taschenmessern hinausgelaufen.

Von MESSER MAGAZIN und knifeblog.com wurde Widerstand organisiert. Messerfans bauten mit vielen E-Mails und Briefen sowie der Androhung von rechtlichen Klagen (auf Basis des Berliner Urteils, Seite gegenüber) spürbaren Druck bei den Politikern auf. Die Sechs-Zentimeter-Grenze war vom Tisch. Pistorius & Co. gaben aber nicht auf: Die Landesinnenminister forderten das Bundesinnenministerium (BMI) zu einem Gesetzesentwurf auf: einer Verordnungsermächtigung für die Länder, die es „den Kommunen ermöglicht, das Mitführen von Messern in sensiblen Bereichen [...] untersagen zu können".

Ich selbst fuhr zu diesem Zeitpunkt nach Berlin, um unsere Sache beim BMI zu vertreten. Wir Messerfreunde schlugen alternative, sinnvolle Lösungen vor – zum Beispiel, das Strafrecht so zu ändern, dass verurteilte Kriminelle grundsätzlich mit einem Waffenverbot belegt werden. Es wurde aber klar, dass sinnvolle Maßnahmen keine Chance hatten. Einflussreiche Politiker wollten die Verbotszonen mit aller Macht durchsetzen. So wurde ergänzend zu § 42 Abs. 5 ein zusätzlicher Absatz 6 mit weiteren Verbotszonen geschaffen. Dank des Widerstands der Messerfreunde wurden jeodch zahlreiche Ausnahmeregelungen aufgenommen.

Mit § 42 Abs. 6 werden die Landesregierungen ermächtigt, per Verordnung praktisch überall neue Verbotszonen einzurichten. In diesen Zonen ist das Führen von „Messern mit feststehender oder feststellbarer Klinge" über vier Zentimeter Klingenlänge verboten. Alle Klappmesser ohne Arretierung sind also weiter erlaubt. Aber auch für die genannten Messer gibt es Ausnahmeregeln, unter anderem für:

- Inhaber waffenrechtlicher Erlaubnisse
- Anwohner, Anlieger, den Hausrechtsbereich, den Anlieferverkehr, Gewerbetreibende
- Brauchtumspflege, Sport
- nicht zugriffsbereites Befördern

In den Verbotszonen nach § 42 Abs. 6 ist vor allem die Ausnahme der waffenrechtlichen Erlaubnisse interessant. Dazu zählt nämlich auch der Kleine Waffenschein (KWS), den jeder unbescholtene Bürger erhalten kann. Damit gibt es die Möglichkeit, sich eine Ausnahme im Vorfeld schriftlich bescheinigen zu lassen, statt dem Ermessen der Behörden ausgeliefert zu sehen.

In der Begründung zum Gesetz (Drucksache 19/15875) ist „für Inhaber waffenrechtlicher Erlaubnisse eine Ausnahme vorgesehen, da diese bereits behördlich hinsichtlich ihrer Zuverlässigkeit überprüft sind". Zur näheren Erklärung schrieb das BMI: „Die Regelung knüpft mithin nicht an die Art der waffenrechtlichen Erlaubnis bzw. die davon konkret umfassten Gegenstände [...] an, sondern abstrakt an das Vorliegen der Zuverlässigkeitsüberprüfung. Auch ein Kleiner Waffenschein begründet daher ein berechtigtes Interesse zum Mitführen von Messern in den Messerverbotszonen."*

Wie schnell neue Verbote gefordert werden, zeigt dieses Beispiel: Am 25. Januar 2023 ermordete Ibrahim A. in einer Regionalbahn zwei junge Menschen mit einem Messer – das Verbrechen erregte großes Aufsehen. Daraufhin forderte Sebastian Fiedler, der „Innen-Experte" der SPD-Bundestagsfraktion: „Wir müssen das Tragen von Messern ächten in der Gesellschaft. Es gibt keine sinnvollen, seriösen Gründe, solch ein Gerät mit sich zu haben." Und obwohl Fiedler „bei weitem nicht sagen" wollte, dass Messerverbote diese Morde verhindert hätten, fand er sie „eine wichtige Botschaft". Gegenüber der Presse erklärte er sich zweimal ausdrücklich zum „absoluten Fan" von weiteren Messerverboten.

Anstatt reflexhaft mehr sinnfreie Verbote zu fordern, könnten Politik und Behörden auch ihr eigenes Versagen

---

* Die kompletten Antworten von BMI und Innenausschuss findet man unter www.wieland-verlag.com/magazine/messer-magazin/downloads/

hinterfragen. Wieso läuft jemand mit einem ellenlangen Strafregister frei herum? Wieso wird jemand, der noch in der Untersuchungshaft andere Menschen angriff und sich selbst mit dem Attentäter vom Breitscheidplatz verglich, aus der Haft entlassen? Wieso wird ein krimineller Straftäter, der kein Asylrecht genießt, nicht abgeschoben?

Diese Fragen passen jedoch nicht in die Ideologie vieler Politiker. Übrigbleiben werden leider immer nur die Forderungen nach mehr Verboten. Daher müssen wir Messerfreunde die Augen aufhalten und stets dazu bereit sein, wieder politischen Widerstand zu organisieren. Nach dem Verbot ist vor dem Verbot!

EIN „TASCHENMESSER-POPULIST"?

Die politische Diskussion ums Messertragen wurde von Hubert Aiwanger (Freie Wähler) trefflich auf den Punkt gebracht. Der bayerische Vize-Ministerpräsident hatte im Oktober 2019 geplante Messerverbote kritisiert. „Ich bin überzeugt, Bayern und Deutschland wären sicherer, wenn jeder anständige Mann und jede anständige Frau ein Messer in der Tasche haben dürften, und wir würden die Schwerkriminellen einsperren. Das wäre der richtige Weg." Er äußerte Unverständnis darüber, dass einerseits über Taschenmesser-Verbote an öffentlichen Orten gesprochen, andererseits aber schulterzuckend hingenommen werde, dass sich „Leute mit mehreren Straftaten und Körperverletzungsdelikten" frei bewegten.

Es kam prompt zu empörten Reaktionen politischer Gegner. „Ernsthafte Sicherheitspolitik geht nicht mit Taschenmesser-Populisten", so Horst Arnold (SPD). Katharina Schulze (Grüne) empörte sich: „Seine Empfehlung, im Alltag ein Selbstverteidigungsmesser mitzuführen, ist nicht nur dumm, sondern auch gefährlich." Die Polizei habe das Gewaltmonopol: „Wer zur Selbstbewaffnung der Bürgerinnen und Bürger aufruft, redet einem Faustrecht das Wort." Diese „mittelalterlichen Vorstellungen zur Konfliktlösung" seien „hochnotpeinlich".

Trotz des Shitstorms blieb Aiwanger standhaft und bekräftigte seine Position: „Die ständigen Verschärfungen des Waffenrechts für gesetzestreue Bürger führen am Thema vorbei. Wer für ein Taschenmesserverbot eintritt und meint, damit Gewalttäter stoppen zu können, der ist hochnotpeinlich." Die Behauptung, er habe zur Selbstbewaffnung aufgerufen, sei zudem „böswillig absichtlich fehlinterpretiert", betonte er. Es gehe schlicht darum, dass er gegen weitere Verschärfungen des ohnehin strengen Waffenrechts sei. Das diskutierte Messerverbot an öffentlichen Orten führe in die falsche Richtung und bringe gesetzestreue Bürger in Schwierigkeiten: „Stattdessen müssen wir gegen Gewalttäter gezielter vorgehen."

Foto: StMWi/Kerl

Hubert Aiwanger ist gegen sinnlose Messerverbote.

STICHWORTVERZEICHNIS

MESSERRECHT

Die rechtliche Situation in den Nachbarländern

Ein Ausflug in unsere Nachbarländer erfordert oft nur wenig Fahrzeit. Je nach Rechtslage kann man aber dann in Schwierigkeiten geraten, wenn man seinen Practical Folder in der Tasche hat. Daher habe ich hier die wichtigsten Punkte zu Foldern zusammengestellt (Diese Angaben erheben keinen Anspruch auf Vollständigkeit und erfolgen ohne Gewähr, Stand: September 2022).

DÄNEMARK

In Dänemark sind die meisten Taschenmesser erlaubt, aber bei möglichen Straftaten ist man sehr streng. Bei öffentlichen Events, in Kneipen und Diskotheken sollte man gar keine Messer führen, um Ärger mit der Polizei zu vermeiden.

TOTALVERBOT

- Balisongs
- zweischneidig geschliffene Dolchklingen
- OTFs (Springmesser, bei denen die Klinge nicht ausklappt, sondern in gerader Linie nach vorn aus dem Griff springt)

BELGIEN

Leider kaum klare Regelungen mit weitestgehendem Ermessensspielraum für Behörden.

FÜHREN NUR MIT BERECHTIGTEM INTERESSE (rechtliche Grauzone)

- Einhandmesser
- Springmesser
- Balisongs

TOTALVERBOT

- zweischneidig geschliffene Dolchklingen

FRANKREICH

Auch bei klassischen französischen Taschenmessern gibt es keine Rechtssicherheit, sondern die Behörden haben Ermessensspielraum. Bei sozial-adäquatem Verhalten gibt es in der Regel keine Probleme.

FÜHRVERBOT

- arretierbare Taschenmesser

TOTALVERBOT

- Klingen über 15 cm Länge
- Klingen über 4 mm Stärke

Balisongs (oder Butterfly-Messer) sind in vielen Ländern Europas verboten.

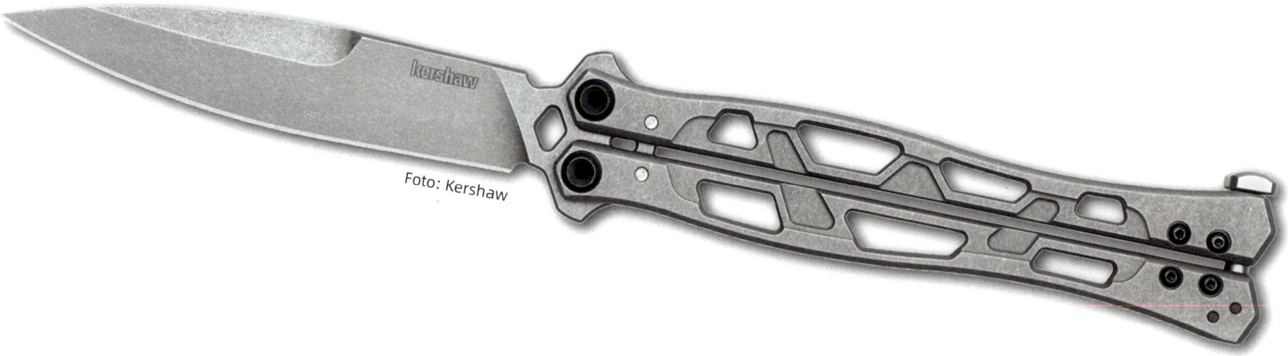

Foto: Kershaw

LUXEMBURG

Flipper stellen wegen schwammiger Definitionen eine Grauzone dar und sollten besser nicht geführt werden.

TOTALVERBOT

- Balisongs
- zweischneidig geschliffene Dolchklingen
- Springmesser
- Assisted Opener
- Klingen über 9 cm Länge bzw. über 7 cm bei Klingenbreite bis 1,4 cm

NIEDERLANDE

Da es in den Niederlanden viele Verbotszonen gibt, sollte man in den Großstädten auf Taschenmesser mit Arretierung verzichten - insbesondere auf Flipper, da es hier keine eindeutig definierte Rechtslage gibt und sie als verbotene Springmesser angesehen werden könnten.

TOTALVERBOT

- Balisongs
- Springmesser
- Assisted Opener

ÖSTERREICH

In Österreich sind nur die definierten Verbotszonen zu beachten, in denen man keine Messer führen darf. Bislang gibt es sie in Wien, Linz und Innsbruck.

POLEN

Alles, was nicht total verboten ist, darf im Alltag auch getragen werden. Auf größeren Veranstaltungen dürfen aber keine Messer geführt werden.

TOTALVERBOT

- Modelle mit Fingerring
- zweischneidig geschliffene Dolchklingen
- Modelle, die möglicherweise Waffen sein könnten (Ermessen der Polizei)

SCHWEIZ

Man muss in größeren Städten aufpassen, ob es Verbotszonen gibt: Dort dürfen keine Einhandmesser geführt werden.

FÜHREN NUR MIT BERECHTIGTEM INTERESSE (rechtliche Grauzone)

- zweischneidige Dolchklingen
- Springmesser
- Assisted Opener

TSCHECHIEN

Das Paradies für Messerfreunde: Hier gibt es keinerlei Messerverbote.